Mary Dunhill
OUR FAMILY BUSINESS

ダンヒル家の仕事

メアリー・ダンヒル
平湊音 訳

未知谷
Publisher Michitani

初めに

　父が七十年以上前に立ち上げた会社より一歳だけ年上の私は、この会社に人生の多くを捧げてきました。ダンヒルがこれからも私の期待以上に大きくなってくれればと思いますが、私もこの会社も、人類史上最も急激な変化の時代を生き抜いてきたのは確かです。どれほどの変化だったたか、ピンとこない若い人は孫たちだけではないでしょうから、ここで簡単にご説明しましょう。

　私も会社も、馬が通りをゆっくり走っていたエドワード朝《訳注：英国王エドワード七世（一八四一～一九一〇）の統治期間（一九〇一～一〇）》の生まれです。戦争といっても、騎兵たちが槍やサーベルを手に戦っていました。そんな時代から宇宙探検や水素爆弾の時代まで、私とダンヒルという会社は生き抜いてきたのです。エドワード朝は、恵まれた人たちにとっては輝かしい時代でしたが、多くの人々は、硫黄まみれの霧に包まれた都会でみすぼらしい家に暮らし、医療も満足に受けられず、安い給料にあえいでいました。多くの人が犠牲になった第一次世界大戦の後に、私と会社は短い青春を過ごしました。ナイトクラブやジャズに浮かれた頃もありましたが、間もなく労働紛争が激化して、一九二六年のゼネストで最高潮に達します。一九三〇年代に入るとすぐ、世界中が大恐慌に見舞われました。その後再び、戦争の時代に突入します。第二次世界大戦も勝ちはしましたが、その代償に多くの人命が失われたのです。コミュニケーションの速度が増すと、私たちの生活を取り巻くプレッシャーも高まりました。社会の根本を揺るがしかねない革命や危機が身の回りで起こり、テレビやラジオのニュースや新聞でセンセーショナルに報道されると、ひどく不安に思ったものです。私は、すべてが水の泡になるとは思っていませんでした。むしろその逆です。しかし私の若い頃とは違い、三十年先の世界を予想できる人など誰もいませんでした。

つまり一言で言うと、父は今日とはまったく異なる世界で会社を立ち上げたのです。それは、たいしたお金もなく、商売の才能がほどほどでも、エネルギーにあふれた男なら誰でも、店や工場を立ち上げて、商売繁盛はもちろん、立ち上げた事業を永久にコントロールできると夢見ることのできた時代でした。職人も手仕事の担い手も巷にあふれており、労賃も安く、職人の技量を保つこともそれほど難しくありませんでした。

今日のイギリスでは、状況はまったく変わりました。社会が豊かになるにつれて、人々

父アルフレッド・ダンヒル、1909年

は大量生産された商品を求めるようになり、その結果として職人は急速に消えつつあります。相続税があまりにも高く、父から息子へと事業を引き継ぐことも難しくなりました。私たちのように事業をゼロから作り上げていく例は、今後はあまり現れないでしょう。ですから私は、ダンヒルという企業がどのようにして生まれたか、それぞれ性格も気質も大いに異なる私の家族たちが先駆者としてどのように働いてきたかを、記しておく価値があると考えたのです。私は設立後間もない頃から会社を見てきて、家族の商いが今日のような国際企業へと成長する中で、会社との関わりを強めてきました。この本では、成長する途上で生じた経営上の課題や、そうした課題に対処してきた経緯についても述べています。とはいっても、この本は会社の歴史を詳しく述べたわけではなく、どちらかと言うと舞台裏の出来事に触れたり、私が見てきたことを自分なりに語ったりしたものです。

私は人生の大半をダンヒルに捧げてきましたが、それはひとえに、楽しくてたまらなかったからです。ダンヒル家に生まれたのはとても恵まれたことだと思っていますし、会社は従業員の生活に大きな影響を与えるものですから、ダンヒルで働く人たちに対する責任を果たさなければと強く感じていました。とはいえ、この本で取り上げたのは、会社を作り上げる過程で皆が味わったストレスや重圧、成功や失敗だけではありません。

フルタイムの仕事をこなすことが女性にとってどれだけ大変かは、重々分かっています。しかし私は、仕事のおかげで豊かでやりがいのある人生を送ることができました。また、仕事により自立する術を手に入れて、人生のあらゆることを味わい楽しむことができたのも事実です。これからご説明しますが、私生活では楽しいこともあったものの、運命のいたずらで私の身には災難が普通の人よりも少々多く降りかかりました。でも、何か特別な信仰に頼ったり、人生の神秘を解き明かそうとしたりするのではなく、私たち一家が大いに誇りに思ってきたこの会社、ちっぽけな私よりもいつもはるかに大きく、大きな意味を持つ存在であるダンヒルという会社の一員であったからこそ、こうした苦しみを乗り越えられたのだと、私は信じています。

目次

ダンヒル家略系図

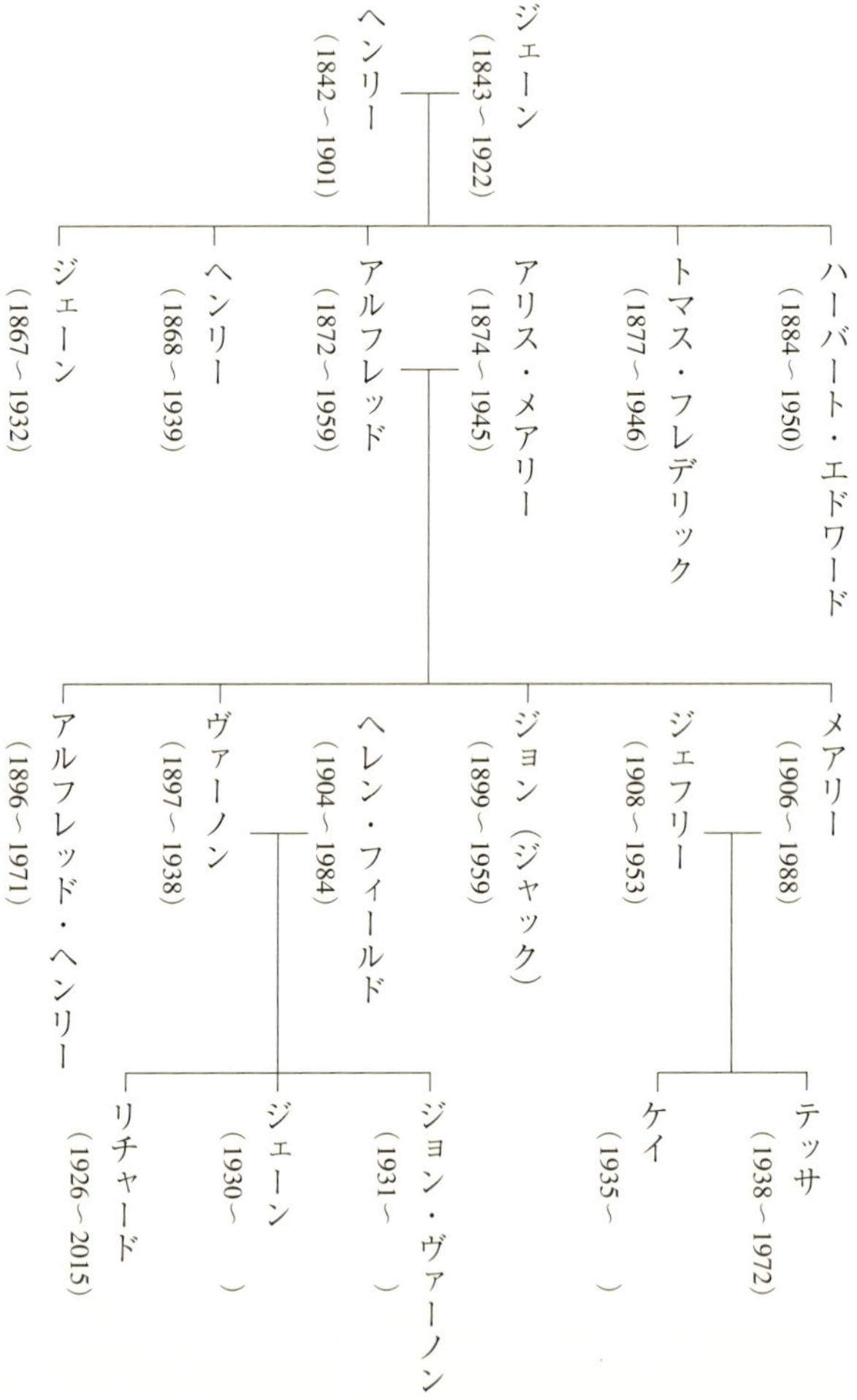

ALFRED DUNHILL ONE HUNDRED YEARS AND MORE
by MICHAEL BALFOUR より

ダンヒル家の仕事

First published as OUR FAMILY BUSINESS by Jonathan Cape,
an imprint of Vintage Publishing.
Vintage Publishing is a part of the Penguin Random House group of companies.

Japanese translation rights arranged with
The Random House Group Limited
through Japan UNI Agency, Inc., Tokyo

1　デュークストリートのタバコ店

私は一九〇六年、グレートミッセンデンで生まれました。当時はバッキンガムシャーの小さな村に過ぎなかったこの地に家を数軒建てると言うので、父はロンドンからこの地に移り住んだのです。父は不動産業のことは素人同然でしたが、ともかく、三十歳までに手を出したさまざまな事業の一つがこのプロジェクトでした。この事業に乗り出したのは、メリルボーンとエールズベリーを結ぶ新しい鉄道がこの村を通ったからです。列車が一時間に一本走るようになり、ロンドンで働く裕福な人たちも郊外に住むことができるようになりました。そういった人たちは、グレートミッセンデンの既存の住宅よりも高級な家を望むだろうということで、父は駅近くの土地を数エーカー分購入し、自分で設計したごくありふれた家を六棟、地元の建設業者に建てさせたのです。初めに完成した家には父自身が住みましたが、その区画は数年後に売り払いました。

この六軒の家は、今でもグレートミッセンデンの一画に建っています。建築代金を差し引いて残った利益を分配したら、父の手にはいくらも残らなかったでしょう。ただ、独創的とは言えませんが、このプロジェクトには、自分が良いと思ったアイデアに賭ける父の性分がよく表れているように思います。その後、母はまだ一歳の赤ん坊だった私をかごに寝かしつけて、三人の兄たちとともに、父がハローに購入したずっと小さい家へと移りました。母は兄たちに、今度の引っ越しは、ド・ディオン《訳注：一八八三〜一九三二年に製造されていたフランスの自動車メーカー》の車（最初にイギリスに入ってきた数台のうち、一台を父が手に入れていました）が売れて、父がまた新しいビジネスを始めるからだ、と言って聞かせたことでしょう。父は、ロンドンのウェストエンドのセントジェームズ、デュークストリートでタバコ店を始めました。母は当時、父がまた別の新しい生き方を試してみたい衝動に駆られただけだろうと思ったに違いありません。でもこれは、父がそれまでに下した中で最も重要な決断になりました。

ここで、一つ補足があります。父は、家業の馬具作りの見習いだった頃に「ダンヒル・モートリティーズ」という会社を立ち上げましたが、この時には持分を売却していました。ダンヒル・モートリティーズは、初期のドライバーのために特別にあつらえた服や小物類を販売し、生まれたばかりの自動車関連市場に食い込んだ会社です。また、父は別の事業でもちょっとした小物や商品作りのアイデアに情熱を注ぎ、ウインドシールドパイプを考

ド・ディオンに乗る父と母、1901年

案していました。おそらくこの経験から、タバコ商をやろうと考え始めたのだと思います。一時期住宅販売に手を染めたのも、資金を得ようとしてのことでした。父が大切にしていた車を手放したのも、資金作りのためです。

どんな商売もそうですが、当時のタバコの商売は、今日とはかなり状況が異なっていました。大衆向けに大量生産したタバコを売るキオスクが街角にあった時代ではありません。タバコ店は独立経営で、それぞれ個性豊かな店でした。他の店もみんなそうです。例えば食料品店は、客が棚の間を歩き回って、包装された食材を自分で手に取る方式ではありませんでした。長いカウンターの後ろに天井まで届く棚があり、店主は客の求めに応じて、上が開いた箱から紅茶や砂糖、小麦粉や米、あるいは樽からバターやラードを取り出しては秤にかけ、紙片を手際よくねじって、ちょうど良い大きさの包みをこしらえていました。店には、ミステリアスとまでは言えないものの、ちょっとロマンティックな雰囲気が漂っていました。一つには、ガス燈が室内を薄暗く照らしていて、客にへつらう店員の顔が見えづらかったせいもあるでしょう。

けれども、タバコ店に話を戻すと、喫《す》う価値のあるブライヤーパイプを仕入れている店はほとんどありませんでした。タバコの知識のある店は少なく、葉巻を箱に入ったソーセージのように販売する店が多かったようです。父は、ウインドシールドパイプを思いついたその日から、こういった様子を観察し、考えをめぐらせていました。愛煙家であった父は、時間をかけてワインの味覚を鍛えていくように、どのタバコをどのように味わうかをもっと知的に追求する提案をしてもいいのではないかと、次第に思うようになったのです。しかし、これが自分の使命だと父が意を決するまでにはしばらく時間がかかりました。私が生まれる少し前、父はやりたいと思った商売を三つ書き留めていました。お菓子屋、おもちゃ屋、そしてタバコのビジネスです。

父が最終的な選択を行う上で、エドワード朝のロンドンの社交生活が一役買ったのは間違いありません。イーストエンドの大部分では、生活や仕事の状況は厳しいものがありました。イギリスの多くの場所で労働者が不穏な動きを始め、やがて港湾労働者や炭鉱作業者らが一九一一年と翌一二年にストライキを決行しました。これ以来、政府や資本家と、労働組合や労働者との間の戦いが断続的に勃発するようになります。しかし、エドワード朝の上流階級の生活は、今では本や映画でしか知ることはできませんが、実に華やかで魅惑的なものでした。ロンドンの社交シーズンになると、メイフェアの邸宅では連日大がかりな社交パーティーが開かれます。召使いが馬車の扉を開くと赤い絨毯が敷かれていて、シャンデリアや、どこぞのお屋敷の温室から届けられた花でまばゆいばかりの舞踏場に導かれるのです。平日の街路は、四輪や二輪の馬車で埋め尽くされていました。テムズ川の南へと続く路面電車はまだシティの中心に通じていなかったので、車よりも馬の方が多かった時代です。また、多くの人が歩いていました。徒歩が当たり前の移動手段だと考えられていたのです。

夏の朝には、ロンドンに滞在する富裕層はペルメルからハイドパーク・コーナーにかけて軒先を連ねる自宅やホテル、あるいは、クラブから歩きだして、店が立ち並ぶボンドストリートの遊歩道へと出かけ、ジャーミンやデュークの宝石屋のウィンドウをのぞき込んだり、老舗の下着屋や食料品店に立ち寄ったりしたものです。この界隈では、フォートナム&メイソンの二つの店が、紅茶や調理食品を売り出して評判を呼んでいました。そこで父は、通りの向かい側の小さな空き店舗の窓にパイプやタバコ、葉巻をうまく積み上げたら、人目を引くだろうと思ったのです。その読みは当たりました。

父の決断に影響を与えた要素がもう一つありました。かつて、富裕層はクラブやカントリーハウスのスモーキングルームに籠ってタバコをたしなんでいました。男性は、屋内で葉巻に火を着けて家族に嫌な思いをさせないようにと、わざわざ馬小屋に行ったものですが、そうした古い習慣がなくなりつつあったのです。さまざまなタブーが姿を消して、堂々とタバコを、特にトルコやエジプト産のシガレットを喫う男性が増えていきました。

こうして、一九〇七年七月七日、ケインに灰色のコート、琥珀のシガレットホルダーという出で立ちの将校たちが、壁際に置かれたケース入りのパイプやタバコジャーに注目し始めることになりました。ヴァージニアやオリエンタルタバコがあれこれとカウンターの上に並べられて、デュークストリート三一a番地の新しい小さな店は、職人技の光る贅沢な空間に生まれ変わりました。町や地方から訪れる男性たちは、この愉悦の世界に足を踏み入れて、時間をかけて品定めを行い、戸口の内側にある振り子時計を見ては自分の時計を合わせ、見事な海泡石のパイプに目を奪われ、ハバナ産の葉巻を前に買おうか買うまいかと迷ったものです。ハバナ産の葉巻は、百本で二ギニーほどでした。お客様は、父に流行りものやいろいろな思いつきについて話してくれて、そこから父は新たなひらめきを得ていました。また、ロングスカートや堅いコルセットに身を包んだ貴婦人たちの中にも少数とはいえ愛煙家がいて、物珍しさからか、紳士に付き添われて「タバコ専門店」と銘打たれたこの店に現れました。鎖付きのケースに入っており、防寒用ハンドマフをはめたまま使える伸縮自在のシガレットホルダーなどの工夫で、父はいとも簡単にご婦人方のハー

デュークストリートの店と従業員（前列：ビル・カーター）、1907年

トをつかんだのです。この手のアイデアのおかげで、おしゃべり好きの女性がティーパーティーで父の名前を広めてくれました。もちろん、クラブに集うタバコ好きの男たちの間でもです。

父は生まれつきのセールスマンでしたが、開業した時は、タバコ商売の知識はほとんどありませんでした。しかし、お客様からのコメントや苦情、提案を受けて、父は体当たりで市場を学んでいったのです。

いったんここで、父の話から離れることにしますが、父は三人の店員とともに、毎週六日間、朝九時から夜七時まで働き、長い一日が終わると疲れた体を引きずって、ハローの新しい小さな家へと帰ってきました。しかし、最初の数週間は前途洋々に見えたものの、その後に大変な困難が待ち受けていようとは、夢にも思わなかったことでしょう。

2　祖父から父へ

ダンヒル家の祖先は、ノッティンガムシャーで小農場や店を営んでいました。この地域から初めて外に出たのは、私の四代前、高祖父に当たるトマスです。十九世紀初め、ウォータールーの戦いの頃、トマスはニューアーク・オン・トレントの町を出て、うら若い妻とともにロンドンにやってきました。そして、オックスフォードの、現在デベナム・デパートのある場所に生地屋を開いたのです。しかしすぐに、ロンドンのストリートには多くの馬がいて、リネンを商うより馬相手の方が儲かることに気づいたのでしょう。それに少年時代は田舎育ちでしたから、馬の知識は多少なりともあったはずです。そこでトマスは、ユーストンロードで馬具作りの商売を立ち上げようと精力を注ぐようになりました。トマスは事業に成功し、七人の息子と五人の娘のいる、ヴィクトリア朝（一八三七～一九〇一）らしい大家族を養えるだけの資産を手にしたのです。イズリントン教会には、トマスが長年営んだ事業を記念する石版があります。ダンヒル家がそれなりの事業を営んだのは、これが初めてです。曾祖父がこの商いを引き継ぎ、さらに祖父のヘンリーが後を継ぎました。そして、一八八七年、当時十五歳だった父アルフレッドが、見習いとして仕事を始めたのです。

この頃には鉄道網が全国に張り巡らされて、道を往来する馬はほとんど見られなくなりましたが、ロンドンは違いました。ロンドンでは、エドワード朝の頃よりも当然多くの馬が活躍していました。一万五千頭から二万頭の馬が乗合馬車を引いており、中には重い貨車を引きずる馬もいれば、中産階級の家族が乗る軽快な馬車もありました。宰相ディズレイリが「ロンドンのゴンドラ」と呼んだ、洒落た辻馬車とともに駆け巡る馬もいました。こうしてシティからウェストエンドにかけて、テムズ川の南北には馬がひしめいていたのです。ですから、さまざまな大きさや重量の轡《くつわ》や手綱、引き革、面繋《おもがい》や胸繋《むねがい》、馬氈《ばせん》、尻繋《しりがい》などが、常に求められていました。もちろん、修繕や詰め直しの依頼もひっきりなしに舞い込んできます。馬具商の数が少なかったわけではありませんが、祖父ヘンリーは、キャンバス地のシートや店用の軒先テントを販売するなど、事業の幅をさらに広げました。

シルクハットとフロックコートを身にまとった祖父は、エッジウェアからキングズクロスをつなぐ新たな鉄道に乗ってロンドンの店と自宅を往復し、五人の子供たちを育てました。家はハイゲート村のちょうど北、ホーンジーの野原を見下ろす場所にあり、他の家と

祖父ヘンリー・ダンヒル

はかなり離れていました。ヴィクトリア朝の中産階級としては慎ましい家庭を切り盛りしていた祖母は、ブライトンにある会衆派教会の牧師の娘でした。私が物心ついた頃には祖母はもう六〇代で、白髪を真ん中で分けて束髪にしていました。長くて濃い色の緩やかに垂れ下がる服を着ていましたが、襟は高く、喉の位置にカメオを着けていました。肩の周りにはショールをまとい、日曜になると、クエーカーボンネット《訳注：クエーカー教徒の女性が身につける小柄で頭にフィットした帽子》をかぶって出かけていきます。穏やかで、優しさがにじみ出る人でした。父や叔父はウィスキーをたしなんでいましたが、夕食が済むと、祖父はウィスキーを祖母に手渡しました。祖母は若い頃に禁酒を誓ったはずですが、薬だからと皆に言い張って口にしていました。でも、どう見てもお酒を楽しんでいたように思います。

祖父母の長子に当たるジェーン伯母さんはまるで祖母に生き写しのようで、やはり長く、なだらかに垂れ下がる服を身にまとっていました。いかにもエドワード朝らしい柔和で優しい女性でしたが、ずっと独身でした。祖母や祖父など、助けを必要とする人たちのために長い間かいがいしく世話をした後に、伯母さんは最後に皆をあっと驚かせました。六十一歳の時、祖母が亡くなって間もなく、初老の男やもめと手を携えて教会に行き、私たちの見立てでは、人生最後の数年間をこの上なく幸せに過ごしたのです。ああ、ジェーン伯母さんのことを、どれだけからかって、どれだけ愛しく思ったことでしょう。

父は第三子で、一八七二年にヨークシャーのホーンジーで生まれました。うまく人と話ができなかったので、八歳頃まで学校に行かせられなかった、と祖母はいつもこぼしていました。ひどくやんちゃで他の人の手に負えなかったとも言っていましたから、父の落着きのなさは幼い頃から変わらなかったのでしょう。十五歳の頃にはすらっと背の高い少年で、頭の回転も速かったのですが、目が悪く、おまけに学校に通い始めたのが遅かったこともあり、成績も今一つで、生涯にわたって本もあまり読みませんでした。祖母のピアノはまずまずの腕でしたが、父の弟のトマス・フレデリックは祖母の才能を受け継いで職業的な音楽家となり、著名な学者にもなりました。トマスの下の弟で十二歳年下のハーバートも、学者にこそなりませんでしたが頭が良く、のちにタバコ事業で大活躍することに

祖母ジェーン

なります。二人とも大きくなって上級学校や大学に進学しましたが、父は、祖父ヘンリーが財産を弟たちの教育のために全部つぎ込んだとこぼしていました。でも本当は、父は十五歳になった時、実業の世界に入りたくてうずうずしていたのです。父はよく、教室は自分に合わないと言っていました。これは、父の性格を知る上での大きな手掛かりになります。父はあまり本を読んだり人の話を聞いたりしなかったので、自分とは違うものの見方があることに、なかなか気づかなかったのでしょう。

働きだして最初の半年間というもの、父は、ユーストンロードの薄暗く汚らしい、ロープやタール、革磨きせっけんや革の匂いに囲まれた作業場で、馬具職人が針を通す下準備のため、糸にワックスを塗っていました。やがて革ひもを自分で縫えるようになると、賃金も週五シリングから十シリングに上がりました。そして一年ほど経つと針仕事に熟達し、馬の目隠し革に針を刺す許しが出たのです。ディケンズの小説に出てくるような馬丁や御者たちが、鞭を買いたい、ブーツを縫ってほしい、あるいは馬具一式が欲しいとやって来る中で、父は初めて仕事の厳しさを味わい、朝から晩まで身を粉にして働きました。一八九〇年代には、長時間労働は職人仕事につきものだったのです。当時は労賃も材料費も安かったので、ちょっとしたものにも優れた職人技が光っていました。いずれも仕上げが良く、長持ちしたのです。二十歳までには職人魂が一種の信仰のように骨の髄まで染み込んだと、父はよく話していました。

父は、祖父ヘンリーと息がぴったり合っていたわけではありません。ひげを生やしてフロックコートをまとった祖父は昔気質の人物で、一世紀近くも前から代々受け継がれていた店のやり方すらも、なかなか変えようとはしませんでした。父はこれに苛立ち、チャンスがあれば店のやり方すべてに革命を起こしてやろうと心に誓っていました。そして、針と糸に囲まれていたこの時期に、小売商の世界における新時代の幕開けを告げるようなサービスを一人で手掛け始めたのです。

一八九〇年代半ば、父が店用のブラインドを積んだ軽馬車に乗り込んでセールスを試みていた頃には、蒸気や電気、ガソリンで動く車がフランスで産声を上げていました。ベンツ、パナール、メルセデス、ダイムラー、ド・ディオン、ルノー、プジョーといった、見慣れない立派な名前の車が大陸から少しずつ輸入され始めました。一八九六年には、ロンドンからブライトンへの道の脇を人々が埋め尽くし、いわゆる赤旗法《訳注：旗を持った人が自動車を先導することを義務付けた法律》の撤回を祝って自動車が初めて列をなした不思議

ジェーン伯母さん

な光景を、皆が口を開けて見守っていました。自動車は金持ちだけが楽しめる交通手段であると思われていましたが、セーフティバイシクル《訳注：一八八五年にジョン・ケンプ・スタンレーが発明した自転車で、現代の自転車の原型となっている》はすでに、木の車輪の付いた「ボーンシェイカー（骨揺すり）《訳注：一八六三年にフランスのピエール・ラルマンが発明した前輪の大きい自転車で、一八六七年より量産が始まったが、乗り心地が悪いことからこの名が付いた》」にとって代わっており、ハイドパークでの競争やサイクリング、パレードなどで明るい絵柄の自転車を見かけるようになる頃には、車乗りよりもはるかに多くの人が公道で自転車に乗る姿が目に付くようになりました。自転車は爆発的に流行りだしていました。例えば、ユーストンロードにあるダンヒル家の馬具屋からほんの数ヤード先には「ロイヤル・サイクル・レポジトリ」という施設があり、「紳士淑女が『自転車乗りを学べる』ロンドン一の質と規模を誇る学校」であると宣伝していたのです。祖父ヘンリーでさえ、馬具屋の壁という壁にこの看板の文字が書かれる時が来る

のではないかとおそれていましたが、それに加えて、五十五歳になった祖父は健康が優れず、引退を考えていました。一八九七年に火事が起こり、ユーストンロードの施設の一角が損傷を受けたのを機に、祖父は、将来のことを息子と話し合うことにしました。

ジェーン伯母さんが食卓を片付けると、祖父は「店を引き継ぐつもりはあるか、アルフレッド」と言い、いつものようにポートワインの入ったグラスを手にしながら、針仕事をする祖母の隣に坐りました。父アルフレッドは、祖父が想像していたよりも深く交通革命について考えていましたが、一言「継ぎます」と答えました。二人は握手を交わしました。数週間後、祖父は家族を引き連れてカンタベリー近くのハーブルタウンへと隠居し、四年後にその地で亡くなりました。

ユーストンロードの店で、父は長年温めていた計画ややり方を直ちに実行に移しました。古い従業員たちは、新しい書類の整理方法やタイムカード、革新的な在庫調べなどを快くは思いませんでしたが、この新しい経営者がロンドン中で売れている店舗用ブラインドに自分の名前を大々的に記し、新たな注文をたちまち獲得していったのを見て、あるいは密かに舌を巻いていたかもしれません。祖父のやり方の多くは捨てられて、利益はすべて、工房を改良するために使われました。当時二十五歳だった父はついに実権を握り、大仕事に取り掛かるべく力を溜めているかのようでした。また、父はお金のことを、目的を達成するための手段であると考えるようになりました。その後数年間、資金不足のために足止めされたのは事実ですが、資金繰りに苦労しても、父は楽観的な姿勢を崩すことはほとんどありませんでした。商品の出来栄えが一級品であれば、お金のことは自ずと報われると、父は素直に信じていたのです。

加えて、父は馬具作りよりもやりがいのある仕事を始めようと考えていました。この頃にはもう結婚しており、ロンドン北部のクリックルウッドの小さな家に住んでいましたが、一八九六年には、私の長兄に当たるアルフレッド・ヘンリーがその家で生まれています。父は、このところ夢中になっていたド・ディオンの自動車に乗って仕事場と自宅を往復していました。これはイギリスに入って来た三番目のド・ディオンの車だ、と父は言い張っていました。運転席よりボンネットの下で多くの時間を過ごすような車マニアにはならなかった父は、車への情熱を間もなく実業に活かして、ユーストンロードの工房の近くに、「モーター・マート」という名の別の会社を開きました。こうした初期の時代に父が多くの車を販売したのかどうかははっきりしませんが、自動車メーカーは車を売るだけで必要な関連商品をまったく販売しなかったことに目をつけた父はすぐに自動車販売をやめて、「ダンヒル・モートリティーズ」という名の別の事業を始めました。この新しい店は、ゴムマット、ランプ、ホーン、ゴーグル、ヘルメットはもちろん、速度計のような新しい機械装置も販売していました。デリケートな自動車を保管する車庫はまだないに等しく、車両カバーも売れ筋の商品だったようです。

新しい自動車産業に関わるすべての人にとって、ダンヒル・モートリティーズは、「自動車以外のすべて」を意味する代名詞となりました。二年も経たないうちにイギリス最大規模の自動車用品店となり、父は資金不足のため、ある仲間に事業に参加してもらって株式会社を設立することを余儀なくされました。こうして、ユーストンロードの工房を拡大し、ウェストエンドのコンデュイットストリートに店を二軒開いたのです。そこでは、毛裏の外套やフットマフ、長手袋、埃除けのヴェールなど、オープンシートに乗り込み、雨風やちり雲にさらされながら時速二十マイルで走る初期のドライバーたちが必要としたあらゆる品を扱っていました。経済的に余裕のある人たちはこの新たな交通手段に夢中になり、コンデュイットストリートの店はユーストンロードの店と同じく、メカ好きたちの間で人気になりました。

しかし、父は自分が全体を取りしきる存在であり、それ以下の者ではないと考えていました。共同経営者や役員たちが縛りをかけてくるのに憤ったのは、この時が初めてでしたでしょうが、決して最後ではありません。次に打つべき一手を見通しており、自信もあった父は、周りに間違った判断ではないかと言われてもなかなか思いとどまりません。そこで、ユーストンロードの工房でノウハウを吸収した父が五年かけて築き上げたこの事業は、さらなる飛躍の可能性を秘めていたものの、父は一九〇二年には共同経営者と辛らつな言葉を交わし、結局ダンヒル・モートリティーズの株の持分を売却してしまいました。

その後数年間、父はオックスフォード・サーカス近くのアーガイルロードで特許事務所を経営していました。道具類や商売になりそうなアイデアに興味があったのを活かして、ジョージ・ロビーやハリー・テートが舞台に登場し始めたロンドン・パラディアムの近くで、小さいながらも実入りの良い事業を営んでいたのです。「小さなアイデアをきちんと活かせば財産になる」これは、父が新聞広告で呼びかけた言葉で、多少のお金を支払う代わりに、小さな発明を役立てることができる、という父の考えを人々に伝えています。

アーガイルロードに持ち込んだ道具類やアイデアのおかげで、父は好きなものにいつも囲まれていました。カメラや蓄音機、映写機、自動ピアノ、最新型の缶切りなど、生涯を通じて、父は手に入れたありとあらゆる珍しいものを家に持って帰りました。彼の趣味は、模型列車から釣り、卓球から演劇まで多岐にわたっていました。アーガイルロードでの特許の仕事を通じて、技術革新への情熱が掻き立てられたのは言うまでもありません。馬用の日よけ帽子からパンクした自転車のタイヤに貼るパッチまで、父が思いつくアイデアは底なしでした。そしてある日、父の机には、ウインドシールドパイプが置かれていました。父が初めてタバコの商いに目を向けるようになった大事な一品です。こうしてグレートミッセンデンでの家作りから始まって、ハローの小さい家に引っ越した時分に、父はデュークストリートで店を開きました。私の兄たちは皆この新しい事業に加わることになりましたが、長男アルフレッド・ヘンリーはこの時十一歳、次男ヴァーノンは十歳、一番年下の兄のジャック《訳注：ジョンの愛称》はまだ八歳でした。父が何をしようとしているのか当時はさっぱり分かりませんでしたが、こうして私たちの新しい人生が幕を開けたのです。

3　新しい事業

第一次世界大戦の前、ハローに住んでいた頃は、私もまだ幼くて、新しい事業のことはよく分かりませんでした。父も苦しかった時代のことは後になってもあまり口にしなかったので、たぶん忘れたかったのでしょう。ですから、父の当時の仕事について私が抱いている印象は、ビル・カーターという、当時十四歳で他の二人の社員と一緒に仕事をしていた陽気な男性が、パイオニアとしての誇りを持って当時を振り返った内容に基づいています。のちにデュークストリートの古参の販売員となったカーターは、インドの藩王から葉巻を一度に一本ずつしか買わないようなお客様まで、ほぼあらゆるお客様と長年にわたる信頼関係を築き上げていました。第二次大戦の時には、ウィンストン・チャーチル《訳注：英国の政治家（首相）、軍人、作家、一八七四～一九六五》がお気に入りの葉巻を切らさないようにするのがカーターの役目でしたから、首相官邸のあるダウニングストリート十番地にも出入りを許されていました。チャーチルが勝利のVサインをする時、指の付け根にはさまれた葉巻が目立っていたものです。でも、この優しく朗らかな男性が六十年を超える人生の中で一番心が躍ったのは、自分を週給九シリングで雇うように父を説得した時だったに違いないと私は思っています。

カーターは、年収わずか二十三ポンドで馬車馬のように働かなければなりませんでした。来る日も来る日も店を磨いたり片付けたり、マホガニーのキャビネットに延々とパイプを戻したり、電話に出たり、緑の絨毯に落ちたタバコのかけらを一つ残らず掃除したり、閉店後にショーウィンドウを整えたりと目まぐるしく働き、朝は毎日、ピカピカに磨いた靴を履き、きれいな襟のシャツを着て時間通りに出勤していました。呼ばれたら、何をしていようとすぐに手を休めて走ってきます。そう、走ってです。カーターは、人生の半分を走り続けてきました。陸上選手さながらに、ワンズワースの自宅を朝早く出て、デュークストリートまで三マイル半を小走りで駆け抜けて、夜には同じ道をたどって帰路につきます。よくシガレットや葉巻の入った箱をお届けすることがあったのですが、そんな時にカーターは、乗合馬車に乗るためにもらった一ペニーをポケットに滑り込ませて、リージェントパークやケンジントンなど、お届け先に向かって走り出していきました。父もその一ペニーを返せとは決して言いませんでした。配達のお駄賃が一ペニーではずいぶん安いなと父も思ったのでしょう。

当時は一日に二、三ポンドも売れれば事件でしたが、父の店はすぐに葉巻や手作りのシガレット（地下で作り、十本三ペンスで売っていました）、さらには問屋が持ってくる低品質のブライヤーパイプを扱い始めました。でも、父の名を世に知らしめたのは、タバコをブレンドするカウンターです。父はビロードの緑色のジャケットを着てミステリアスな雰囲気を漂わせていましたが、タバコの目利きを誇りとしていた父は、その仕事を他の誰にもやらせませんでした。確かに、父が番号を振った大量のレシピに従って作り上げたヴァージニアとオリエンタルとのブレンドは、パイプをこよなく愛するお客様がまさに求めるものだったのです。初めはサンプルだったブレンドが次々と注文品となり、父は注文を受けるたびに、使った材料を「マイ・ミクスチャー・ブック」と呼んでいた台帳に記録して番号を振り、再注文があった時にすぐに作れるようにしておきました。

こうして、タバコの原料となる葉の香りや種類に詳しくなるにつれて、父は独創性を発揮するうってつけの場を見つけたのです。時には、熱意のあまりやりすぎることもありました。当時ほんの子供だった私も、家族が声を張り上げていたり、家の台所で不思議な光景が繰り広げられていたりしたのをよく覚えています。熱したラム酒やタバコの香りが万一窓から漏れたなら早速警察がかぎつけて、実験したと分かれば税務署が父の店を閉鎖してしまったことでしょう。当時は、タバコのブレンド時に添加物を加えるのは厳しく規制されていたのです。

裕福なお得意様の多くがタバコをつけで買い、ずっと後で支払うのを当たり前だと思っていたのが、父の誤算でした。値段を聞くような気まずい思いをお客様にさせないように、店内の商品一つ一つに値札を付けなければいけないような状況で、数か月支払いがなかったぐらいで勘定書きを突き付けたら、一体どんな反応が返ってくるか、とカーターが説明してくれました。父には分かりすぎるぐらい分かっていたのです。仕立屋やウェストエンドのほかの店が、この手の失礼なお願いに上がらなくて済むような仕組みを作り上げられていたら、売れないタバコ店だって何とかなったことでしょう。でも実際には、あまりに多くのお客様に足下を見られて、父は限界をはるかに超えて掛売りをしなければならなくなりました。

債権者たちは、すぐに事態を把握しました。長くは見過ごしてくれそうにない状況に陥ったのです。店を開いて二年も経たないうちに話し合いが何度も開かれ、父が給料を払い続けられる店員は、ついにカーターだけになりました。破産は避けられないかのように見えましたが、ある時親切なタバコ輸入商が父のビジネスと独創性を高く評価して、あと数週間待とうと他の債権者たちを説得し、窮地を救ってくれたのです。ジェーン伯母さんも父を助けるために、なけなしの貯金から百ポンドを貸してくれました。父は心から感謝し、その後伯母さんが亡くなるまで同額の百ポンドを毎年送り続けましたが、それはあくまで困難な状況を抜け出た後のことです。一九〇八年から翌九年にかけては、父は毎月首が回らず苦しんでいました。ダンヒルズ・モートリティーズの株を売却して、ハイリスクな状況に飛び込んだ自分に何度も悪態をついていたに違いありません。

こんな状況で、母は耐えがたい重圧に苦しんでいました。私たちは母のことを世の母親の鑑だと思っていました。本当に気の利く人で、自分のことは後回しにし、私たちのためにできることは何でもしてくれました。母はこの頃三〇代で、すらりとした黒髪の愛らしい女性でした。私たちは皆、母の温かい茶色の目を受け継ぎましたが、末兄のジャックだけは例外で、ダンヒル家の薄青い目をしていました。私はまだ歩き始めの幼児でしたが、子供心にも、母は公平で私たち一人ひとりを愛してくれていて、えこひいきなど絶対にしないと分かっていました。もし私たちを救えるのであれば、自分の手を切り落とすような犠牲も厭わない人だということも、すぐに分かりました。家事はほとんど母一人でやっていましたが、本当に見事な切り盛りでした。植物や花が好きだったので、家はいつも、手に入る限りの草花に囲まれていました。ドレスや服を自分で作り、料理の腕も見事でしたから、母には飴菓子のタフィーにちなんだ「タフィー・フィンガー」という、ちょっと変わったニックネームが付きました。一言で言うと母は専業主婦でしたが、母がしなければならなかったことの多さを考えれば、専業主婦で良かったのだと思います。

しかし、父のような頑固な男とやっていけるだけの人生経験や芯の強さが、どうも母には備わっていなかったようです。父は子供の頃、視力や言葉の問題があったため兄弟とは別に育てられており、それがまだ尾を引いていたのかもしれませんが、私が父という人間を認識し始めた時には、父は人を遠ざけて、自分の殻に閉じこもっている時間が多かったようです。もちろん、大変なエネルギーのある人でさまざまなことに関心があり、何か急にやろうと決めたことに邪魔が入ったら、かんしゃくを起こすこともありました。時には私たち子供と一緒に遊んでくれて、私たちのやっていることを気にかけてくれることもありましたが、他の人は、いや、実の子供たちでさえ、父とコミュニケーションを取るのは難しいと感じていました。結婚して十二年が経っても、母はまだ奴隷のように父にかしずいていました。父がストレスや苛立ちをぶちまけても母にはなす術がなく、そもそも仕事のこともよく分かっていませんでした。本当に、父は文字通りぶちまけていました。私の一番幼い頃の記憶をたぐると、延々と夜遅くまで、階下で二人が声を張り上げて言い争う声が今でも聞こえてくるほどです。母が不幸なことは分かっていましたが、もちろん、なぜかは分かりませんでした。

母の若い頃のことをもっと知っていたら、この頃の母の振る舞いも理解できるのでしょうが、母はまだ少女だった頃に実家とのつながりを断ってしまい、若い頃のことを進んで話そうとはしませんでした。母の父は十七世紀の作家ジョン・バニアン《訳注：英国の教職者、作家「天路歴程」、一六二七～八八》の子孫だということで、バニアンが書いた勇敢な巡礼者を讃える聖歌の断章を私たちも歌わされましたが、はるか昔に敬虔な先祖がいたからと

母アリス・メアリー・ダンヒル

いっても、母の宗教心にはあまり影響がなかったようです。母は保守的でしたが、特に信心深くはありませんでした。母の父は、母が十二歳の時に亡くなりました。祖母に再婚する権利があることは母にも分かっていましたが、継父のことはどうしても好きになれず、結局は家から逃げ出して、すぐに仕事を始めたのです。母は青春時代のほとんどを小さなホテルの洗濯女中として過ごしました。そして母が二十一歳の時、父がこのホテルで母を見染めたのです。二人は恋に落ち、父がユーストンロードの事業を引き継いだ頃に結婚しました。その後紆余曲折を経て、二人は十二年間で四人の子供をもうけています。だから、愛する母が知っている世の中のことと言えば、良くも悪くも、この十二年間の結婚生活で父に教えられたことだけなのです。

母は父と債権者との問題を十分には理解できなかったでしょうから、父が母のことを怒鳴り始めると、母は途方にくれて、がっかりもしたとも思います。母によると、私たちはすでに、それなりに裕福な時代を経験していたのです。クリックルウッドの小さな家から、それなりに洒落たグレートミッセンデンへと引っ越してもいました。父はダンヒル・モートリティーズで実績を上げて、実業界での成功に向けて大きな一歩を踏み出していたはずですが、パートナーと突然袂を分かち、方向転換を余儀なくされたのです。目覚ましい経済的成功のシンボルであったド・ディオンの車も売り払い、庭つきの広い農地を見渡せるグレートミッセンデンの大きな家も手放してしまいました。そこで両親は、今度は四人の子供とともに、ハローの三階建ての郊外型住宅に舞い戻ることになったのです。父は毎晩遅くに帰ってきて夕食を摂ったのですが、疲れ果ててヒステリーに近い状態に陥り、債権者との話し合いにも苦しんでいました。母にはどうしようもありません。若い夫婦の結婚生活には耐えがたい負荷がかかり、母はどれほど父を理解し励まそうとしたとしても、わけが分からないままだったと思います。

こんな状況でしたから、父は通りに住むかわいらしい女性に色目を使うばかりか、手も出してしまったのでしょう。この情事がどこまで進んだのかは私も知りませんが、これを皮切りに、父はその後長きにわたって逢瀬を繰り返しました。母も勘づいていただろうと思います。いつまでも続くように思えたある夏のこと、私がベッドに入っても眠れないでいると、母の声に、まったく聴き慣れない苦悶の響きが混じるのがよく聞こえてきました。どうして延々と言い争っているのか、当時はあまりよく分かりませんでしたが、仕事の話から離れて、母が結婚生活の危機を初めて悟り、苦しみながら話をしていたのだろうということが、今となってはよく分かります。

私もまた、当時は自分なりに苦しんでいました。特に六歳になって、兄ヴァーノンが嫌がる私をハロー・ハイスクールに連れていくようになったのは、苦痛以外の何物でもありませんでした。いかつくおそろしい女性校長の姿は、私の心に恐怖を植えつけました。何度か家へと一目散に逃げ帰り、もう戻るものかと駄々をこねたこともあります。万力のような力で私の肩をつかむこの女性の手の感触は、今でも忘れられません。チョークや濡れたレインコートの匂いに満ちた陰気な廊下を彼女の手に引きずられて歩き、退屈きわまる教室に他の何人かの子供たちと一緒に坐り、午後の鐘が鳴って解放されるまで、じっと待っていなければなりませんでした。永遠とも思える二年間が過ぎて私の「刑期」も終わると、女性校長が卒業するのは寂しいかと聞いてきました。私は大声で「いいえ」と答え、近くにいた何人かは笑い転げました。当時は、何がおかしいのか私にはピンと来ませんでした。初めて閉じ込められた牢獄から逃げ出すのに、何がおかしいのかと思ったわけです。それに、あの女性校長は夢の中で何度も何度も現れては私をひっつかみ、ひどい拷問が待ち構えている地下牢へと無慈悲にも放り込む

家族写真、ハローにて、1910年

のです。その感覚があまりにもリアルで、よく悪夢にうなされては金切り声を上げて目覚めたものです。
ある日、小さな妹のことなどろくに気にかけてもいなかった兄たちが、ジョン・ライオンズ・スクールの運動会でシスターズ・レースに出場するようけしかけました。私は参加して優勝し、兄たちの評価が数段はね上がりました。その時突然、ほどほどの能力とあり余ったエネルギーがあれば、この人生で成功できるのだと悟ったのです。そして結局のところ、私には両方が備わっていたのでしょう。

6歳の私

また、一年ほど後に、父がT型フォードで家に乗りつけた日のことも忘れられません。ツーシーターで、背もたれ代わりの蓋の下に、補助シートがもう一つありました。黒くて輝いていて、大きなヘッドランプも付いていて、私たち子供は喜んで車の周りを飛び跳ねて、すぐに「フリバー」というあだ名を付けました。騒ぎが収まるとすぐに、満足げな父は、この三階建ての家を出て、オックスへイとい

う草深い田舎に引っ越すと私たちに告げました。家はウッドランズという場所にあり、テニスコートとクロッケー《訳注：芝生のコートで行われる英国発祥の球技。わが国のゲートボールの原型とも言われる》場、トゲウオやオタマジャクシだらけの池があると言うのです。大喜びする私たちの様子を見て茶色の目を輝かせて笑う母の顔を、今でも思い出します。子供の頃の一番良い思い出の一つです。

ウッドランズ

4　第一次世界大戦

第一次大戦の直前に、私たちはオックスへイ近郊のウッドランズに引っ越しました。丈夫でブロンドの髪を持つ七歳の女の子だった私は、田舎暮らしに気落ちするどころか、空気もきれいで広大な緑の世界をすぐに居心地よく感じるようになりました。でも、ハートフォードシャーの奥地にあり、店からは十四マイルもあるため、家族の日々の生活はいろいろと変わりました。

毎朝、朝食を摂ると、馬車の音がパカパカと聞こえてきます。砂利道を通って駅まで父を連れていく馬車です。父は服を着ると、赤毛の上にかぶっていたスモーキングキャップを投げ捨てて身支度を整えます。父が言うには実用性を追求した結果なのだそうですが、こうして帽子を取るのは、自分について廊下に来るようにという母への合図で、箱やら書類やらをいじったり、ウエストコートに入れる金時計と大きな柱時計の時間を比べたりする父の傍らで、母は黒いフォーマルスーツに洋服ブラシをさっとかけます。時間を惜しんで手を振るのもおざなりに、父は馬車のたわむ階段に片足を載せ、ドアをばたんと閉めてさっと立ち去り、以前とは比較にならないほど利益が上がりだしたデュークストリートへと働きに出るのです。この素晴らしい家も、成功を高らかに物語っていました。兄のアルフレッド・ヘンリーとヴァーノンも、お客様が増えたり従業員が増えたりと、いい知らせを家に持ち帰ってきました。店で働くようになった二人は、父よりも早く出かけて列車に乗り、ビル・カーターが店を開けて、父が到着する前に準備万端に整えておく手伝いをしていたのです。母も新しい家と庭を気に入り、やはり有頂天でした。ウッドランズにいた六年間は、両親の言い争いを聞いた記憶はありません。

家は長方形で居心地が良く、片側にベランダが付いていました。ベランダからは三エーカーの土地を見渡すことができ、壁に囲まれた野菜畑や果樹園、それに父が約束してくれたクロッケー用の芝生もありました。何もかもが天国のような素晴らしさです。私は頭の高さほどもある灌木や塀の周りを走り回っていました。たぶん、くしゃくしゃになったインディアンチーフの羽飾りを身に着けていたはずです。兄たちとは十歳近く離れていたので一人で遊ばなければならないことも多かったのですが、私の冒険ごっこはいつまでも続きました。でも、四人兄弟が揃ってローラースケートを履いて、アスファルトのテニスコートでぐるぐると何度も周り、しまいには目が回って疲れ果てて、笑いながら重なり合って倒れ込んだりして、飼っていたウェルシュテリアのタフィーをびっくりさせることもありました。父の言っていた池は木の下にあり、いかにも謎めいて悪臭を放っていましたが、木登りをしたり、初めての自分だけの小さな庭をぐちゃぐちゃにしたり、台所で母の邪魔をしたりと忙しくしていない時には、池でも楽しみました。母は台所の、漂白したように真っ白な長いテーブルで、頭から腰まで小麦粉だらけにならないようにペストリーを作る方法を教えてくれました。そのうち、ほかに誰もやりたがらなかったので、ニワトリの内臓を抜いてオーブンで焼く準備をするのも私の仕事になりました。

　この頃から、父や兄たちを週末以外に見かけることはあまりなくなりました。もっとも、ケントの学校で寄宿生活を送っていた末兄のジャックが休暇で家にいる時は別です。十四歳のジャックはまだ藪にらみで汚らしい男の子で、問題を起こす才能には計り知れないものがありました。やがてジャックは一九三センチの長身で、肩幅もがっちりした美男子に成長して、いたずらっぽく優しい性格も手伝って軽薄なプレイボーイとなり、結構な数の女の子を悩ませたようです。みんなジャックのことが好きでした。一つには、何をしでかすか家族の中で一番予想のつかない人で、何かうまく行かないことがあると、濡れ衣だろうとすぐ彼のせいになったからです。

　私の大好きな長兄のアルフレッド・ヘンリー（父と区別するためにこう呼んでいます）は、デュークストリートで働き始めた時には十七歳のすらりとした若者で、父に似て物静かでシャイでしたが、ユーモアのセンスがあり、にこりともせず面白いことを言うので職場のみんなに愛されていました。二番目の兄のヴァーノンは、一番頭の切れる人でした。いつも学校で賞をもらい、特に数学や理科が得意でしたが、機械関係全般に優れた才能を発揮して、その才能は、のちにダンヒルにとって計り知れない財産となりました。ヴァーノンは時計を分解したり、また組み立てたりするのをこよなく愛していましたが、十六歳の時にはもう「フリバー」の手入れを任され、のちには父が買い続ける車のコレクションをすべて管理するようになりました。ヴァーノンが道具や機械いじりに情熱を傾けたのは父親譲りですが、手先はずっと器用だったので、いつも父の設計図に従って新しいものを作り出していました。でも、アルフレッド・ヘンリーやジャックにはユーモアのセンスがあったのと対照的に、ヴァーノンは頭が切れるせいか神経質で、どこか冷たい感じがしました。

ウッドランズに移り住んで何週間も過ぎないうちに、ヴァーノンは五ポンドで買ったバイクに乗って轟音をまき散らすようになりました。ジャックは後ろに乗ってヴァーノンの腰につかまり、犬のタフィーはキャンキャン吠えながらバイクの後ろを追いかけていました。この頃からヴァーノンが先陣を切って兄たちのバイク狂いが始まり、第一次大戦が終わって数年経つ頃までは本当に夢中になっていました。潤滑油やガソリンまみれになって、いつもメカをいじくり回し、アクセルを吹かし、砂利を花壇にまき散らしては父を怒らせていたものです。でも、一年か二年後には、戦時中の物資制限でガソリンを節約するため

兄たちとバイク

に、父もサイドカー付きの車に乗るようになりました。幼かった頃は、私はバイクに近づかないように厳しく言われていましたが、ジャックがスリリングに飛ばすバイクの後ろに腰掛けて、ブッシーの近くに行ったことを覚えています。そこで私は木の下に坐って、野の花に見とれているふりをしなければならなかったのですが、その間にジャックは、魔法のようにいつの間にか現れた、黄色いドレスを着た女の子を抱きしめてキスをしていました。その時から、私はジャックとメイジーとの密会の片棒を担ぐようになりました。父は息子がガールフレンドを作る権利を認めていなかったので、ジャックはメイジーを家に招こうとはしなかったのです。でも結局、二人は結婚しました。

私も小さな自転車に乗って、ウッドランズから一マイルほどの所にある「キングズフィールド」という昼間学校に通うようになり、新しい自由を味わうようになりました。これはヒューズ先生という若いアメリカ人女性が、寡婦の母親の生活を支えるために経営していた学校です。ハロー・ハイスクールでは恐怖を味わいましたが、ヒューズ先生は子供のことを理解し、子供の注意を引き付ける術を身に着けていたので、私は先生が好きになりました。特に、ダンスのクラスや、生まれて初めてホッケーのボールを打ち返されないように打つ練習をしたこと、それに、タイツや紙の羽、ピカピカの王冠を身につけて、「真夏の夜の夢」の劇でちょっと道徳的とは言えない役を演じて楽しんだのをよく覚えています。後年、私はサンフランシスコ近郊のパロアルトに住む先生を訪れましたが、先生もその時のことを覚えていました。その時先生は九十歳でしたから、ずいぶん記憶に残る演技だったのでしょう。

キングズフィールドでは友達がたくさんできて、私たちはウッドランズで一緒に追いかけっこをしたり、登るのを禁止されていた塀に上がったり、庭師が見ていない隙にイチゴのネットの下を這い上がったり、私たちが「水泳プール」と呼んでいたコルネ川の濁水でもがいて、ついには泳いだりしました。特に、レーンという姓の二人兄弟と二人姉妹のことをよく覚えています。レーン家のお父さんは、ロンドン北西部のウィルズデンで鑑定人兼競売人を務めていました。夏になって、私たち一家がラムズゲートにある祖母の別荘を訪れたり、ジェーン伯母さんの監視の下でエビ捕り網を手にして走り回ったりしない時は、私はレーン一家とともにクローマーに行き、いつまでも輝いているように思えた太陽が沈

サイドカー：父とアルフレッド・ヘンリー、後部座席は私

み、忘れられないほど見事にできた砂の城を夕暮れの波が壊していくのを眺めていたものです。私は特に、弟のレックスがお気に入りでした。一緒に崖に登ったり、ビーチ沿いに長い探検に出かけたり、一度は迷子になったこともありました。四十四年後、私たちは結婚しました。

一九一四年にフランダースの戦場から始まった忌まわしい殺戮について、少しお話ししようと思います。子供だった私たちは、世界を揺るがしたこの戦争の影響は不思議なほど受けませんでした。平和を獲得するために無数の人命が失われ、その平和も長くは続かなかったのですが、私たちは世界情勢についてはまったく知らされず、たいして気にも留めていませんでした。田舎のハートフォードシャーの真ん中で今まで通り学校に通い、森でピクニックをしたり、ゲームを楽しんでいたりしたのです。ある日、木

立に墜落した小型飛行機のコックピットからパイロットが這い上がってくるのを見て、本当にびっくりしました。鼻から血を流していた彼が電話を貸してくれと言うので、私は彼を家に連れていったのですが、カーペットを血だらけにしてしまいました。彼の名前はフランク・ヒクソンと言い、家族ぐるみの付き合いになりました。私たちにとっては、彼は戦争の英雄です。

別の日の夜のことも忘れられません。当時四十二歳で、視力が悪いことを理由に一切の兵役を免除されていた父が、私たちを庭へと呼び集めました。ポターズバー上空のサーチライトが上空に浮かぶ火の玉を捉えていたのです。火の玉はやがて分解し、焔に包まれた破片が遠くの森へと落ちていきました。その後すぐ、これはドイツの飛行船ツェッペリンで、リーフ・ロビンソンというパイロットによって撃墜されたと私たちは聞かされました。ロビンソンはヴィクトリア十字章を受けて、近所のパブは彼の名前を冠するようになりました。

のちにロンドンでは、私も銃声や爆撃をより身近に感じることになりましたが、休暇中の軍人が女の子たちを連れて通りを歩いている様子をよく見ましたし、変わったことは何も起こっていないかのような雰囲気でした。一方、ウッドランズでは父が毎日デュークストリートへと出かけていきましたが、驚くほどのどかな生活でした。ただ、母はあれこれと心配したとは思います。

一つには、宣戦布告の時にちょうど十八歳になった兄アルフレッド・ヘンリーが、一九一四年の夏のある日、クイーンズ連隊の制服を着て帰宅したのが、母の心配を掻き立てたのでしょう。兄のひょろっとした体には短すぎるチュニックだなと思ったものですが、別れのキスをする前に、兄は私にゲートルの巻き方を見せてくれました。次に兄に会ったのは数週間後の休暇の時ですが、その間彼はずっと前線の塹壕にいて、一度もブーツを脱げないでいました。半袖のチュニックの縫い目にシラミがくねっているのを兄が見せてくれて、私は金切り声を上げました。母は庭で兄に服を脱がせて、制服を台所に持っていって暖炉にくべてしまったのを覚えています。

次の休暇では、アルフレッド・ヘンリーはサム・ブラウン・ベルト《訳注：第一次大戦頃まで用いられていた将校用の革帯》を身に着けて、大尉の肩章を付けていました。戦死者があまりにも多くて、実質的には大佐の任務をこなしていたようです。兄は、初めて馬に乗った数時間後には、暴れ馬にまたがって大隊の前をパレードしなければいけなかったと言って私たちの笑いを誘いました。でも、西部戦線のぬかるみやネズミ、物資の欠乏、おそろしい爆撃や想像を絶する殺戮については一言も口にしませんでした。前線に行った多くの人たちと同じく、アルフレッド・ヘンリーは、自分が見て感じたことを何も言うまい、という顔つきで帰ってきました。でもとにかく、彼はかろうじて戦争を生き延びたのです。

ヴァーノンは恵まれていました。徴兵事務所の係員は皆、ヴァーノンの技術力を評価したのでしょう。彼はチングフォードの海軍航空基地に勤務して、貯蔵庫の管理を担当しました。きっと戦争が終わるまでしっかり管理したのだろうと思いますが、休暇には時々ウッドランズに戻ってきました。ジャックは一九一七年まで私たちと一緒に暮らし、その後ヴァーノンと同じくチングフォードに配属されてからイタリアに向かいましたが、そこでマラリアの発作に襲われて、多くの時間を看護師とともに過ごしました。いかにもジャックらしいなと思います。

あの頃は、時間がゆっくり過ぎていきました。私が家や庭で遊びまわっている時、郵便配達夫が自転車に乗ってやってくるのを目にした母は、何をしていてもすぐに手を止めて駆けつけました。母は道半ばまで郵便配達夫を迎えに行きましたが、その時の母の顔は忘れられません。たいてい、アルフレッド・ヘンリーからの手紙は届かず、とぼとぼと家に帰ってきたからです。

ウッドランズの家にたまにやってきたお客様の一人に、叔父のハーバートがいました。父の一番下の弟で十二歳若く、私たちはバーティ叔父さんと呼んでいましたが、すぐにダンヒル家の仕事で大事な役割を果たすようになりました。バーティ叔父さんはアーチスト・ライフルズの義勇兵でしたが、結核のために戦地勤務には不適格とされてしまったのです。叔父さんはその後の人生の大部分を結核で苦しむこととなりました。

バーティ叔父さんは当時三十歳ぐらいでしたが、背が高く、ハッとするほどハンサムでした。ひげはきれいに剃っていましたが、のちに立派な赤毛の皇帝ひげを生やすようになりました。父よりもずっと社交的で積極的だったので、父と血がつながっていると聞いたら誰だってきっと驚くでしょう。カンタベリーのキングズ・スクールを卒業したバーティ叔父さんは私の両親とともに暮らしていましたが、若い頃はつば広帽子や菜食など「おしゃれ」な生き方を好んだり、ベッドの下に切手が詰まった袋を隠しておいたりしたので、母は変人だと思っていました。でもバーティ叔父さんはすぐ、特に金銭面では驚くほど頭が回ることが分かりました。従業員の中には、金縁の眼鏡越しにバーティ叔父さんの薄青い目が厳しく光ると怖じ気づく者もいましたが、私はいつも、叔父さんに親しみの気持ちを抱いていました。また、バーティ叔父さんが来るとたいてい娘のリリアンとも遊べたので、叔父さんが来るのは楽しみでした。リリアンは私のいとこに当たり、金髪でかわいく、私と同じぐらい活発な女の子でした。私たちはほぼ同い年で、大の親友になりました。

私が生まれる前、バーティ叔父さんはニューヨークで何かの店を開いていましたが、気難しい小柄な妻のヴァイオレット叔母さんとイギリスに舞い戻ってきて、デュークストリートで店を構えたばかりの父の事業に加わりました。しかし、すでに述べた債権者とのトラブルのため、共同事業はすぐに終わりを告げました。叔父さんはその後、ハローで自分のタバコ店を開きました。ハロッズのバトラーズ・アベニューにあるセミデタッチハウス（二軒で一戸を形成する左右対称の住宅様式）に住み、そこでヴァイオレット叔母さんは帽子屋を営んでいました。

　戦争のまっただ中のある夏の日、ちょうどアルフレッド・ヘンリーがソンムの戦いに加わるために連隊に戻った直後に、バーティ叔父さんがやってきました。リリアンを連れて池のトゲウオを見に行き、その後仰向けに寝転がって長い草の中に身を隠し、カササギのように話をしながら気だるい午後を過ごして楽しんだのを覚えています。

　その晩、皆が食堂に集うと、父は皿から目を上げて、いつもながら突然にこう言いました。「ところで、ロンドンにもう一軒家を買ったよ。ノッティングヒルゲートだ。もう、当てにならない電車で通勤するわけにいかないからね。その家にはたまたま、使用人が一人いる」

「使用人ですって」と母は叫びました。家を買うことは知っていたはずですが、これには驚いたようです。何しろ、近所の女性にたまに手伝ってもらうぐらいで、お手伝いを雇ったことなどありませんでしたから。「バーティ、君も新しい工場を見に来たらいいよ」と父は続けました。「君の店は売ってしまって、また一緒にやろう。事務方がどうしても必要なんだ」

「ここから引っ越すの」と私は突然のことに驚いてたずねました。「いや。この家は売らないよ」と父は安心させるように言いました。「週末にはここに来るし、兄さんたちが帰ってきたらこの家が必要になるからね」

テーブルを離れる許しを得て、リリアンと私はすぐに庭へと走っていきました。話したいことはいくらでもあります。日が落ちて、母が呼びに来て私たちを家の中に入れましたが、父とバーティ叔父さんはまだ食堂にいて、書類や図面を広げて話し込んでいました。

5　パイプ製造の成功

債権者や、なかなか支払いをしないお得意様が父の事業を倒産直前に追い込んだ頃から比べると、店の商売は確実に上向きになっていました。父はタバコのブレンダーとして前進し続けていましたが、一九一〇年までは、自身の質の高いブレンドを堪能できるようなパイプを販売していませんでした。ショーケースに入っていたひょうたんを使ったキャラバッシュパイプや優美な彫刻を施した海泡石のパイプは日常使いには脆すぎましたし、前にも言いましたが、どこのタバコ屋でも扱っているニス塗りの安っぽいアルジェリアのブライヤーパイプは味が悪いと、お客様はずっとこぼしておられました。そこで、父が自分で一級品のパイプを作れば万事解決ではないか、ということになったのです。

ハローに住んでいた頃、父は他のいろいろなことに加えて、この課題にもずっと取り組んでいました。イライラをぶちまけてはいましたが、この取り組みのことを誰にも、母にさえも言っていなかったようで、兄たちも、父がパイプ屋の技術を隅から隅まで研究しているとは知りませんでした。そうこうしている間に隣の二八番地の建物を借りて使えるようになり、父はシガレット作りに従事していた数人の女性たちを隣に移しました。父は少しずつ、資本や利益を蓄えていったのです。ボンドストリートでは、「アブソーバル」という最初期のフィルター付きシガレットを扱う事業を別に立ち上げていました。これは父の発明で、まずまずの成功を収めました。

しかし、一九一二年のあの日に「フリバー」でハローに乗りつけて、ウッドランズに引っ越すと言った頃には、ダンヒルのパイプも製造が始まり、作った端からどんどん売れていきました。新車を買ったり、引っ越しに夢中になったりしたのはもちろんですが、このパイプの成功に父はとても満足しているようでした。何世紀も前から世界中で続いていたパイプ作りの長い歴史に新時代をもたらしたからです。パイプはダンヒルにとって飛躍的な発展をもたらした商品ですから、少し技術的なことに立ち入って説明しましょう。

この当時以来、形やスタイルも、品質もさまざまなブライヤーパイプが発売されています。職人技をあまり要しない安いパイプでも、タバコを喫う人は満足できるかもしれません。専門家が見ればブライヤーの樹齢や品質が分かるので、そういう意味では欠陥のある商品も多いのですが、パイプとしての性能に問題があるわけではありません。もちろん、評判の良いメーカーが作る高品質のパイプもあります。これらを見くびるつもりはありませんし、今日でもダンヒルの良きライバルです。

でも、父は一切のごまかしのない完璧なパイプを作ることを目的としていました。形はさまざまでもデザインが良く、バランスが取れて疵《きず》のないブライヤーで作られているのはもちろん、初めからタバコをよく味わえて、きちんと手入れをすれば何年も楽しめるパイプです。ですから父は、今日の工業用語で言うと約九十の「工程」に分けて、数か月かけてパイプを作り上げる仕組みを考案しました。これが最良のものを求めるお客様への、父なりの腕の見せ所というわけです。父が考案した最初の設計は現在でも用いられています。

パイプに詳しくなかったり、そもそもタバコを喫わなかったりする読者にはつまらなく思われるでしょうが、良い家具作りに匹敵するパイプ職人の技について説明したいと思いますので、もう少しだけ専門的なことをご説明しましょう。

数世紀にわたり、パイプは石や金属、ガラスや粘土など、あらゆる種類の素材で作られてきました。しかし、素材としてはブライヤーが断然優れています。ブライヤーと言うと、私のように園芸をやっている人にはブライヤーローズと間違えられることも多いのですが、実際はヒースの一種です。ブライヤーは軽く丈夫で耐熱性もあり、木目が細かいので、湿気やタバコのタールを簡単には吸収しません。安いアルジェリアのブライヤーパイプでは不満が残りますが、一級品のパイプを作るには、地中海沿岸諸国の森林や低木地に生えるヒースの木の根から取れる最高級の材料を一年以上乾燥する必要があります。一番良い木の根は樹齢六十年から百年ぐらいのものですが、こうした根を断ち切って集めて、ブロックに切り分け、煮沸乾燥してから検品します。傷や割れ目が多いものははねられます。だから、良い木の根はどうしても値段が高くなりますし、今日では稀少になりつつあります。

フランスでのブライヤーパイプ作りの故郷、ジュラ山脈にある小さな町サン＝クロードから、父は望み通りの材料を手に入れることができました。しかし、店のウィンドウに置いておいた未完成のボウルが日に当たるとどんな影響を受けるかを研究し始めたその日から、父はブライヤーの性質、枯らす工程といった研究対象に取り憑かれるようになりました。だから、ダンヒルのパイプならではの熱処理プロセスを編み出すのに、父は三年の歳月を要したのです。このプロセスにより、パイプの喫い心地が大きく変わり、自然な仕上げのグレインに仕上がるようになりました。

こんな手の込んだ製造プロセスですが、まだ終わりではありません。熟練の職人技を惜しみなく注ぎ込む工程ではありませんが（何年も経って工場に入り、自分で学んでみるまでは私もよく分かっていなかったのですが）、父の作り上げたメソッドがいかに完成度の高いものであったかは、次の工程を見ればよく分かります。もし父が初めに決めたやり方がその後大きく変わっているならば、私も父の業績をこれほどまで高くは評価しなかったでしょう。でも実際には、父のやり方が今でもほぼそのまま受け継がれています。つまり、マイクロメーターで寸法を測り、パイプの形やデザインを一つ一つ決めていくのです。組み立てる時には、質の低いパイプに安い成型されたマウスピースを付ける時のような、ねじ式のやり方を父は採用しませんでした。ダンヒルのパイプにはすべて、最高級のエボナイトのブロックからハンドカットされた特別なデザインのマウスピースを取り付けなければならないと考えたのです。パイプのステムに入れるインナーチューブを何にしようかとビル・カーターにうんざりするほどたくさんチューブを試させて、結局はアルミニウムのチューブに落ち着きました。このアルミのチューブは、今でも使われています。ハンドカットされたこのマウスピースをステムに合わせる時にその上下が分かるように、父はマウスピースの上側にホワイトスポットを打つやり方を思いつきました。こうしてある意味偶然に、ダンヒルのパイプにはすべて、品質保証の印が付くようになりました。このホワイトスポットも、それ以来ずっと採用されています。

最初のパイプを作ったのは、デュークストリート二八番地の上の階に住む二人の男たちです。一九一二年頃には父のパイプが本格的に販売されるようになり、父は六人ほどの職人を厳選して、店のすぐ近くにあるメイソンズヤードの工房で作業に当たらせていました。彼らは朝の八時から夜の七時まで働き、明日店で売るパイプを仕上げなければならない時には、さらに遅くまで働きました。週五日労働や休暇などとはもちろん無縁です。当時の従業員はみなそうでしたが、職人たちは売上に応じて多少の歩合をもらっており、とても熱心に働いていました。彼らは父のことを親方《ガヴナー》と呼んでいましたが、その赤毛の親方が日に何度か鉄の階段を跳び上がって来るのを見て、大切な、急ぎの仕事なのだとピンと来たことでしょう。もちろん、最初のパイプが完成して売れ行きを見定めるまでは、普通より手間のかかるやり方をしても、父は費用のことを気にかけませんでした。先にも言いましたが、父はもの作りやマーケティングにおいてコストに縛られるような人ではなかったのです。でも、いったん仕上がって工房が生産体制に入ると、昔のお金でパイプ一本の小売価格を七シリング六ペンスにしないと材料費や手間賃を賄えないことが分かりました。当時売られていたたいていのパイプより、四シリング六ペンスほど高い値段です。ライバルたちは、どんなにものが良くてもパイプ一本にそんな値段を払う人などいるはずがないと思い、父の試みには否定的でした。きっと、「アルフレッド・ダンヒルがばかなことをやっているのを聞いたかい」と陰で囁き合っていたことでしょう。でも、またしても同業者たちは間違っていました。タバコの世界では、新しい歴史が幕を開けようとしていたのです。

父のお客様の多くはすぐにパイプに興味を示しました。中には、これまでに葉巻やトルコやエジプトのシガレットしか喫ったことのない人もいますが、皆自分のために特別にブレンドしてもらったタバコを味わいたくて、新しいパイプを試そうと思ったのです。一言も広告しなかったのに、噂はすぐに広まりました。一、二週間のうちにパイプを買いたいお客様はますます増えて、工房での製作が追い付かなくなりました。また、お客様がパイプを選定するのにも時間がかかりました。ビル・カーターがパイプをうっかり緑のカーペットの上に落としてしまい、緑色がパイプの木目を際立たせることに皆が気づいてからは、コットンの手袋をはめた販売員がいつもパイプを緑のパッドの上に置いて、強い光に照らしてお出しするようになりました。販売員は接客に専念し、その間に他の従業員や父はカウンターを片付けて、選ばれなかったパイプを戸棚の引き出しにしまっていました。

第二の工房が稼働し始めた一九一二年には、近衛旅団でホワイトスポットが付いたダンヒルのパイプが流行り、ダンヒルはその一年で千百ポンドの利益を計上しました。大戦が勃発する頃にはシガレットへの需要がとても大きくなりましたが、パイプでの喫煙、特にダンヒルのパイプがイギリスの将校たちの間で流行ったのです。これに応えて新設の通販部門が大量の小包をフランスに送りましたが、小包の多くにはトイレットペーパーを詰めていて、偶然ながらも気の利いた贈り物になりました。また、ラベルには「キャスター・オイル」と書いていたので、配達夫が道中でタバコを欲しくなり、中身を横領することもありませんでした。

バーティ叔父さんが一九一六年の晩にウッドランズを訪れた頃には、十六人のパイプ職人が注文に応えてあくせく働いていました。軍隊に入隊していた職人もほかに数人いました。さらに、三十人を超える女性たちがシガレットを作っていて手狭になったので、父はノッティングヒルゲートにもっと良い工房を見つけて、そちらに製造部門の全従業員を移すことにしました。父はバーティ叔父さんにこの状況を説明して、夕暮れまで話し込んでいたのです。通りの向かいにあるエアリーガーデンズ八番地の家は威圧的な五階建ての家で、すすで汚れたヴィクトリア風のテラスが付いていましたが、工場が近かったので埃まみれでした。父は、デパートのデリー・アンド・トムズを所有していたトムズさんという独身の男性で、妹とともにその家に住んでいた人から、家具や使用人もひっくるめてこの家を購入したのです。

一、二か月後のある秋の午後のこと、母に連れられた私は、スーツケースを携えてこの家にやってきました。通りには、木の葉がクルクル舞っていました。すぐに、五人のメイドが並んでいるのが目に入りました。糊でピンと張った帽子やエプロンを身に着けて、白いオーバーオールを着た赤ら顔のコックの横に勢ぞろいしています。一人ひとり母に紹介されていましたが、若い女の子たちがクスクス笑いながらくすんだ色の階段を降りて、洞窟のような台所に向かっていったのを今でも覚えています。

二階の居間には高い窓があって、東には工場の屋根、西には共同庭園の裸の木が見えました。ウッドランズと比べると、なんとも魅力に欠ける庭園です。テーブルや長椅子、椅子などは多くが金塗りでしたが、今まで見た中で一番ちゃちな作りでした。その上には巨大なシャンデリアが釣り下がっていて、今にも落ちてきて粉々になりそうな感じでした。壁には燭台や鏡が取り付けられており、部屋の片側には上気した父が電動のハモンドオルガンを鳴らせて見せてくれました。備え付けたばかりのオルガンには音栓やパイプがたくさん付いており、穿孔ロール紙を呑み込んで、父のお気に入りのウェーバーやシュトラウスのワルツを騒々しく奏でていました。低音が鳴ると飾り戸棚の扉が震えて、あまりの大音量に驚いた母は、隣の人が騒音で苦情を言ってくるのではないかと静かにたずねました。父はそんな不安を一蹴して音楽を鳴らし続けたのですが、母の悪い予感は的中しました。私たちはこの家に九か月しかいなかったのですが、〈ウィーンの森の物語〉をかけている時に、マントルピースに置いていたものが床に落ちたというので隣家の女性が大変な苦情を申し入れてきたのが、引っ越しを余儀なくされた最大の理由です。

その晩、私たち三人がマホガニーの食卓について呆然と坐っていると、メイドたちがせかせか歩いてどこからともなく食事の入った皿を運んできました。私がこういう扱いを受けることに慣れていないことを、母は説明しなければなりませんでしたし、乾杯のグラスを私たちに差し出した父も、少し面食らっているようでした。父は今、いつものデュークストリートのスーツを着てホイールバックチェアに坐っていましたが、その椅子を赤ら顔のコックが指さして、「夜な夜な、トムズさんがきれいな燕尾服を着てそこに坐っていて、なかなか格好良かったよ」と言ってきたと、部屋に家族しかいなくなった時に母は言い、不安そうな様子を見せました。

ダンヒル家はハートフォードシャーの奥深い田舎から出てきたわけで、これからはそれなりの生活をしなければいけないのだと、母は心に決めたようです。父はただ「家のことを手伝ってくれる人が増えても良い頃だからね」とだけ言いました。

その夜、私は広いベッドに横になりましたが、漆喰の天井を暗い歯のようなものが回り、通りのガス燈の明かりがカーテンの隙間から透けてきて、竜のあごに変わっていく様子をただ見つめていました。寝るのが怖くなって、私はただ天井を見つめて、オルガンのけたたましい音を聞いていました。時々、階段から笑い声が聞こえ、通りからは耳慣れない騒音が耳に入って来ました。私は十歳で、この時初めてロンドンを本格的に体験したのです。

6　父のヨット遊び

エアリー・ガーデンズ八番地で、〈アップステアーズ・ダウンステアーズ〉《訳注：ロンドンの金持ちの家族と使用人とのドタバタを描いたテレビドラマ。一九七一〜七五年放映》さながらの生活が始まりましたが、ある意味文字通りに、階段を上下する日々でもありました。というのも、糊のきいた制服を着たメイドたちがテーブル回りでばたばたしたり、居間でおいしいお茶を淹れたりしてくれるのに慣れてきた頃、夜になるとツェッペリンが襲撃してきて街中に爆音が鳴り響き、私たちは皆、使用人とともに安全な地下へと避難しなければならないことが多かったからです。今になって思うと、皆が平等で、恐怖によって心を一つにしていたのだと思います。誰も一言も話さず、本を読んでいるふりをしたり、不安げに宙を見つめていたりしました。こうした夜に子供心に感じた恐怖は後々までも蘇り、特に第二次大戦時にもっとひどい空襲を受けると不安が倍増したものです。

翌日、ツェッペリンがいなくなると、私が通っていた近所の私立学校では空襲の話でもちきりでした。二人の女性が経営する学校で、ヒューズ先生ほどには多くのことは教わりませんでしたが、けんけん遊びや街角での遊びなどをすぐに覚えて、私はロンドンでのまったく新しい生活に溶け込んでいきました。アルフレッド・ヘンリーは短い休暇の間に工場を訪れて、慈善くじを企画しました。このくじは、のちにダンヒルでクリスマスの伝統行事となったのですが、当時十歳だった私はフリルやリボンで飾り立てた服を着て、袋から当選番号を取り出す役をしました。ダンヒルの従業員に正式に紹介してもらったのは、この時が初めてです。

それから九か月後、隣の女性の抗議に負けて、父はついに五台の家具運搬用トラックを戸口に呼びました。オルガンのためだけに三台、後の二台が残りの荷物だったと、母はいつまでも言っていました。引っ越し先は、一マイル西のホランドパークです。前よりずっと快適なリージェンシー様式《訳注：英国王ジョージ四世の摂政および在位（一八一一〜三〇）時代の建築や家具のスタイル》のテラスハウスで、広い部屋はマホガニーや革製品に囲まれ、天井にはモールディング装飾が施されていて、二間続きの居間のボーウィンドウからは通りや、公園に隣接する大きな庭を見渡すことができました。父はこの頃までには財産を築き、今度は使うことに情熱を燃やしていました。父は、執事や駐車係、運転手までも私たちのために雇ってくれ、週末になると、運転手は私たちをダイムラーでウッドランズに連れていってくれました。兄たちは、家での夕食時にはディナージャケットを着るように言われていましたが、ガールフレンドを同席させることは許されませんでした。父はいつもビジネスの成功者たちを夕食に招待し、食事が終わると、二階のルーレットやビリヤードの部屋に移りました。客人がお帰りになって、オルガンやカメラ、映写機、暗室、いつも家に持ち込んでいた道具類などで忙しくしていない時には、父も私たちと一緒にトランプ遊びをしました。たいてい「二十一」《訳注：ブラックジャックに似たカード遊び》でしたが、夜更けまで、時には半日ずっとトランプに興じることもありました。父がのんびりすることはほとんどなく、いつも決まりを変えたり、新しい遊びを思いついたり、私たちに今までとは違うことをさせようとしていました。でも、グランドピアノの練習よりはずっと楽しいものでした。ピアノとは数年間嫌々ながら付き合いましたが、その後このピアノは居間の中央に鎮座し、生涯のほとんどを無言で過ごしました。

ホランドパークからは劇場に行ってトム・ウォルスやラルフ・リンの茶番劇やミュージカル、あるいは映画を見ることもできました。当時の映画はサイレントで、チャーリー・チャップリンやメアリー・ピックフォードが主役を張っていました。いろいろな場所に出かけましたが、私が特にお気に入りだったのはケンジントンガーデンのラウンドポンドで、ヴァーノンが金属くずから作り上げた模型の蒸気船を走らせた時は、遠い国へと威風堂々と航海し、荒波をものともせず前に進み、群衆が見とれる様子が目に浮かび、心が躍った

兄たち

アルフレッド・ヘンリー（左上）
ジャック（左下）
ヴァーノン（右上）

ものです。

母が四年間ずっとおそれていた陸軍省からの電報が、休戦記念日に届きました。アルフレッド・ヘンリーが負傷して、ベスナルグリーンに移送されたというのです。そこでは、倉庫が改造されて救急病院になっていました。母と私は急いで駆けつけました。道中は怯えて一言も発しなかったのですが、アルフレッド・ヘンリーはまずまず元気そうでした。青い病院服を着た兵士たちに囲まれて、血の気がなく疲れて見えましたが、故郷に帰れてほっとしている様子がありありと浮かんでいました。片足に砲弾の破片が突き刺さっただけでしたが、破片を完全には取り除けず、その後亡くなるまで傷に苦しむこととなりました。ステッキをついて、足を引きずりながらも歩けるぐらいに快復すると、父はいつもながら用意周到に、兄たちの帰宅を祝うダンスパーティーを企画しました。準備には何日もかかりました。「誰よりもいい仕事をするように」といつも父は私たちを駆り立てたのですが、我ながらうまくいったな、父が喜んだなと思うと、私たちは舞い上がり「ダンヒル家の仕事」だと言ったりしたものです。今回はたまたま、兄たちは戦前に来ていた服を失くしたり、サイズが合わなくなったりしていたため、テーラーや洋品店から届けられた段ボール箱が一日中家に運び込まれていたのを覚えています。

クリスマスの夕食はいつも家族で集まり、テーブルをにぎやかに飾ってヤドリギを置いたりクラッカーを鳴らしたり、大きな木の下にみんな集まってプレゼントを交換したりしました。おじやおば、いとこたちも、全部で十五から二十個ほどのプレゼントを用意してきました。私にとっては、バーティ叔父さんの娘リリアンがかわいいドレスを着てやってくるのがいつも楽しみでした。たまたま、未婚のおばの一人が部屋中の全員からせっけんをプレゼントされて憤慨しているのを見て、私とリリアンは手を取り合って大笑いしたのを覚えています。兄たちの凱旋ダンスパーティーのすぐ後、クリスマスが近づいた頃、大切な人が突然亡くなり、私は生まれて初めて身を引き裂かれるような思いを味わいました。バーティ叔父さんとヴァイオレット叔母さんはリリアンをハーペンデンの新しい家に連れていき、共学の学校に通わせていました。そしてリリアンは、性や子作りのことを、兄たちよりも誰よりも詳しく私に教えてくれるようになりました。でも、いとこであり、大の親友であり、どんな秘密も打ち明けられる人だったリリアンは、戦後に流行ったインフルエンザに突然かかってしまい、十二歳で亡くなってしまったのです。同い年だったリリアンは、あまりにもあっけなくこの世からいなくなりました。生まれて初めて、世界が崩れたかのような不幸を味わいました。バーティ叔父さんもひどく落ち込んでいました。でも、その後長い年月が経つうちに、リリアンを失った悲しみを分かち合うことで、私たちの絆が深まったようにも思います。

　クリスマスのパーティーで会った親戚の中で特に印象に残っているのは、トム叔父さん（トマス・フレデリック・ダンヒル）です。トム叔父さんは、バーティ叔父さんとも父とも、気質も性格もかなり違っていました。自分の世界に籠ってぼんやりしていることもありましたが、こういった集まりは楽しかったようで、周りのみんなと楽しみを分かち合いたがっていました。音楽家や作曲者としてすでに認められていましたが、床に足を組んで坐り、ペニー・ホイッスル《訳注：アイルランド発祥とされる縦笛、別名ティン・ホイッスル》を鳴らして目をキラキラ輝かせているのを見ると、そんなに立派な人にはとても見えませんでした。父は、金縁の眼鏡越しに周囲の人を少しじろじろと見る癖があり、これはおそらく弱視のせいでよく見えなかったからだと思うのですが、「トム、トム、笛吹の息子」と言って、よくトム叔父さんのことを野次っていました。父は、祖父がトム叔父さんをえこひいきして、他の兄弟たちより多くのお金を彼の教育に費やしたと思っていたので、昔からこうやってからかっていたのです。でも、トム叔父さんは父にニコっと笑いかけて、笛を吹き続けました。もっとはやし立てられたら、たぶん立ち上がってピアノに向かい、見事な演奏を披露して父を黙らせたでしょう。このピアノには、電気オルガンで対抗するしかありませんでしたから。

この頃のトム叔父さんは四十過ぎの実にハンサムな男性で、音楽の講義をしていましたから話し声も麗しく、人柄も魅力的でした。チャールズ・スタンフォードに師事し、ホルストやジョン・アイルランドとほぼ同年代だった彼は、すでにイートン校の音楽教師補佐となり、若い作曲家のためにコンサートを企画したり、フェスティバルで審査員を務めたり、著作を書いたりするうちに自作の歌曲や室内楽曲も認められるようになり、やがて母校である王立音楽大学の教員となりました。そこで生徒の一人、モリー・アーノルドと出会い、最近結婚したのです。モリー叔母さんは、ラグビー校《訳注：イングランド最古のパブリックスクール》校長のトーマス・アーノルドのひ孫に当たり、愉快で優しい女性でしたが、残念ながらすぐに結核にかかり、亡くなってしまいました。トム叔父さんは三歳の時にもうピアノを弾けた、と父はよく言っていました。父も私たち兄弟の多くも、マザーグースの〈スリー・ブラインド・マイス〉を音程通りに歌えないレベルでしたから、私はトム叔父さんの業績を本当に素晴らしいと思っていましたし、こうして幼い頃に出会った時から、叔父さんの魅力に心を奪われていました。商売にはほとんど興味のない人でしたが、父の軽口にもめげず、兄たちと驚くほどうまくやっていました。

叔父トマス・フレデリック・ダンヒル

　ハローで始まった父母の感情的な諍いは、ポピー号という新しいヨットにより、図らずも次の段階へと進みました。ポピー号は普段サウザンプトンに停泊していて、父は乗組員を雇ってボーリュー川やラン川への探検に出かけました。母は船乗りとは無縁でヨットなど大嫌いでしたから、ポピー号に乗ることもほとんどありませんでした。そこで、特にカウズ・ウィーク《訳注：王立ヨット船隊が主催するレガッタ》の時には、アルフレッド・ヘンリーと私が駆り出されて、海で何日も過ごすことになりました。しかし、父はずっと舵を握ってばかりでしたし、私はよく船酔いしたので、アルフレッド・ヘンリーも私も、母と同じく船が好きになれませんでした。そこで、父はよくヨット帽をかぶり、一人でサウザンプトンへと車を走らせました。そしてある日、一人でワイト島に向けて航海していた時、父はヴェラに出会ったのです。ヴェラは漁師の娘で、父とすぐに激しい情事を重ねるようになりました。戦争が終わる頃に二人の間には子供が授かり、どういうわけか、母も兄たちもそのことを知ってしまいました。密かに愛人を囲うのは珍しいことではありませんでしたが、当時の多くの人は今の人よりも潔癖でしたし、この浮気がすでに皆の知るところとなってしまったこともあって、父との口論はさらに激しさを増しました。結婚の誓いを大切にして、いつかは正気に返るだろうと信じて献身的に尽くす妻の苦しみだけではなく、不倫についてどう思うかはともかく、母を大っぴらに辱めるべきではないと考える兄たちの怒りにも、父は向き合わなければなりませんでした。しかし父は、いつも通り我が道を行きました。

この出来事があって、私の父に対する態度も変わりましたし、結婚についての考え方にも影響を受けましたので、若い頃にはよく分かっていなかったことも含めて、経緯をまとめてみたいと思います。この頃の母と父との気持ちがどれほどすれ違っていたかは分かりませんが、私たちは母をほぼ完璧だと思っており、母がどれほど父に尽くしていたかも知っていましたから、当然ながら母の肩を持ちました。一方で父は、自分の目的に適うならば、他の人、とりわけお客様の要求や気まぐれにへつらうことのできる人でしたが、心の奥底では内気で神経質な、カッとしやすい性質の人でした。この人やあの人が自分を利用するのではないかという恐怖にとらわれて、人を気まぐれに好きになったり嫌いになったりしていたのです。この自信のなさを克服するため、父は、対立する者を退ける意志の強さを身につけて、それが仕事の原動力となったのは事実です。父はまさしく自力でのし上がり、自分の価値観にのみ従って行動する人でした。誰かに反対されたら全身をこわばらせ、徹底的に立ち向かったのです。

父はこの時、報われない子供のような失望を味わっていたのだとも思います。父は家族に自動車や召使いや豪邸や、経済的成功の象徴になるあらゆるものを与えてやったのに、家族は父に背を向けたのです。将来会社で重要な役割を果たすことになる息子たちに恵まれたからには、もっと多くの感謝や追従を受けることを期待していたはずです。このため、我が道を行くという父の決意はさらに固いものになったのでしょう。怒りや苛立ちのため、父は酒に走りました。そして飲めば飲むほど、自分とは異なる考え方を無視するようになったのです。ヴェラは愛人であり、父の子を生んだ母でもあり、誰もヴェラを父から引き離すことはできませんでした。

ちょうどこの頃、戦争の直後でしたが、父はウッドランズの家を売り、テムズ川沿いのウォーグレイブにある、黒と白に塗られた木造住宅を買うことにしました。サッチド・ホームという名前で、ボートハウスとモーターボート、電動カヌーと多くの小さな川船がありました。庭にはテニスコートとクロッケー場があり、冬には川が氾濫して素晴らしい芝生を生み、夏になると川べりにはおびただしいバラがいっせいに咲き、数か月間は楽しむことができました。ヴェラのことで父母の諍いが頂点に達すると、母と私は運転手が操るダイムラーに乗ってウォーグレイブに行き、父と兄たちをロンドンに残して二人だけで数週間過ごしました。兄たちは会社に戻っており、アルフレッド・ヘンリーとジャックはデュークストリートで働き、ヴァーノンはノッティングヒルゲートで工場のマネージャーとして働いていました。しかし、この時期の別居は長くは続きませんでした。父がすぐ私に会いたがったからです。父は私を寄宿舎に

ウォーグレイブのサッチド・ホーム

送るつもりだと、母は私に言いました。十三歳の娘を夫婦喧嘩から遠ざけておきたいと思っているのは明らかでしたし、少なくともこの時点では、私は父のお気に入りだったのです。母と私は黙ってロンドンへと車で戻り、私は意気消沈して父のオフィスへと出向きました。せっかく兄たちが家に帰ってきたばかりなのに、寄宿舎になど行きたくなかったのです。

7　女子寄宿学校

私はあっという間に寄宿舎へと送られることになりました。父は心を決めていて、私がいかに言葉を尽くしても頑として聞き入れません。私ははるか遠く、サフォークのサウスウォルドにあるセント・フェリックス校に送り込まれることになりました。これから始まるぞっとする生活をあれこれ思いながら数週間過ごした後、母はリバプール駅まで私を見送りに来てくれました。駅は、トランクや親たち、皆私より年上に見える少女たちでごった返しています。隅の席に坐ってお菓子をむさぼり、列車が永久に出なければいいのにと祈っていると、母はプラットホームに立っていろいろと話してくれました。しかしもちろん列車は出発し、母の姿はハンカチを振る大勢の人の波に埋もれていきました。

サウスウォルドはブラックウォーターの隣にあり、イーストサフォークの低地に流れ込む河口に囲まれた楽しい海辺の町です。家のテラスは北海を吹き荒れる冬の疾風にさらされ、大波が砂丘に挑みかかり、海岸はずっとなめらかな丸石で埋め尽くされていました。夏になると、町は、青々とした緑の路地や、ウォルバースウィックのような水辺の村、高台の農地の中心にそびえ立つ高い教会の塔などに囲まれます。イギリスのこの地域は「身の引き締まるような気候」だと言われていますが、コークスのボイラーや暖房用のラジエーターすらぜいたく品だった時代ですから、一年のほとんどの季節、セント・フェリックス校で私たちは凍え死にそうな思いをしていました。当時女校長だったシルコックス先生は大柄で、ブルドッグのように手強い女性でしたが、着ている服は性格さながらに色鮮やかで生き生きとしていました。容易には忘れられない人物です。パワフルな人柄で、職員も生徒たちも圧倒していました。古典を教えていて、それだけでも身長がさらに高く見えたような気がします。他の職員も学校の運営に尽力されていたと思いますが、私の記憶の中では、他の人たちは霞んでしまっています。シルコックス先生こそがセント・フェリックス校だったのです。

この学校は私立で宗教色のない、中流家庭の娘のためのパブリックスクールでした。教育は良かったのかもしれませんが、少なくとも女子にとっては厳しい生活でした。私の孫娘たちは、学校から自転車で出かけて近くのパブで昼食を食べるのも平気ですが、セント・フェリックス校の規則を聞いたら、きっと吹き出すでしょう。廊下を走ったり、ポケットに手を突っ込んだりするだけでも校則違反です。舎監に叱られるだけでもおおごとですが、シルコックス先生の書斎に非行が報告されたら、退学になるおそれがありました。喫煙で退学になった子が二人いましたし、もっとひどい違反をした生徒ももちろんいました。校則をもっと効果的にしていたのは、ハウスのシステムです。私たちはハウスごとに分けられていて、ハウス同士の競争意識が芽生えました。監督生がちょっとした違反をした子の名前を控えると、それがそのままハウスの汚点にもなりましたから、その子は同じ寮で一緒に暮らす子たちに責め立てられることになりました。こうして、ハウス間の競争意識が延々と続いたのです。

しかし、私もみんなも、新しい日課にすぐ慣れました。戦後の物資配給の時代でしたから、芋だらけの食事は仕方がありませんでしたが、凍えるような寄宿舎や、冷たい風呂や、いつまでも続く鐘や、チームスポーツや、雨が降る午後にはスポーツの代わりに四人一組で散歩する、そんな繰り返しの日々です。セント・フェリックス校での生活はおおむね大嫌いでした。これまで兄や兄の友達と一緒に遊んでいたので、女子たちと一緒にいてもつまらないし、いろいろな校則にいらいらしていました。たぶん、今までに通った学校で反抗ばかりして、気に入らない環境にはなじもうとしなかったのが、私の人格形成に影響していたのでしょう。学校ではいつも疎外感を抱いていました。人生で学生時代が一番楽しかったという人がいたら、私は苦笑いするしかありません。

教室では、私が得意だったのは数学だけで、その頃は残念ながら歴史や他の人文系科目にはほとんど興味がありませんでした。でも、運動場ではもっとうまくやっていました。ジムやスポーツ用のチュニックやジャージを着て、私は学校のホッケーチームで精一杯プレーし、ボールを高速でドリブルしていました。ついこの間、孫が私の娘の運動能力を思い出して、「きっとおばあさんも、セント・フェリックスでは一番足が速かったでしょうね」と言っていました。どういうつもりでそう言ったのかは分かりませんが、実際には、父は私たちにスポーツへの関心を持たせようとしませんでしたし、ホッケーと並んで学校でよくやらされたクリケットも、夏の午後の退屈なひと時にしか思えなかったのです。

こうした遠い昔の日々を思い出すと、少女時代は純情だったなと思います。川の急流に放り込まれてふざけたり、女学校特有の楽しいながらもややこしい人間関係や嫉妬に悩んだりしていたこの頃は、現代の十代の若者から見たら驚くほど性について無知でした。兄たちとは仲が良かったのですが、こういうことは両親からもほとんど教わらなかったのです。遠回しに「人生の現実」と言っていた性教育については、共学に通っていたリリアンが、周囲の出来事を教えてくれたのを知っているだけでした。でも、ついこの間死んでしまったリリアンのことは、心にぽっかりと穴が開いてしまったように思えるので、なるべく考えないようにしていました。クスクス笑いながら友達がふしだらな出来事を教えてくれるのに耳をそばだてても、もうリリアンに相談することはできません。年上の女の子たちに対して思春期特有の淡い恋心を抱いて、もちろん相手が気づくことも報いられることもありませんから、これまで感じたことのない胸の苦しみを掻き立てられたりしても、もうリリアンは私の話を聞いてくれないのです。私は恋愛のやり方を自分で見出さなければなりませんでした。今から思うと、それで良かったのだと思います。若い頃にこういったことを知らないのは、それはそれで良いことです。

歳月はゆっくりと過ぎていきました。夏には冷たい海で泳ぎ、石だらけのビーチを遠くまで散歩し、ピクニックのバスケットを持って森に入り、田舎の素晴らしい景色を堪能しました。学期中の数日の休みには、母とジャックが時々来てくれて、海辺を散歩した後、町の寂れたホテルで皿いっぱいの食事をむさぼったものです。父は一度も来てくれませんでしたが、イースターにチョコレートエッグを一つ欲しいとお願いした時、いかにも父らしく、リボンで飾り立てた帽子箱を送ってくれました。フットボールぐらいの大きさのイースターエッグが中に入っていました。

もちろん、女性教師たちをからかったりもしました。アイルランド訛りの黒髪の先生がドイツ語を教えようとして教室の入り口をくぐったら、大量の鉛筆が滝のように床になだれ落ちて来てびっくり仰天させたこともありましたが、犠牲者は彼女だけではありません。でも、もっと真面目に接しなければいけない先生もいました。そうした先生は、算数やフランス語の不規則動詞や、イングランドの王や女王の生没年をきちんと覚えなければ前に進めないような世界へと、私たちを巧みに駆り立てていったのです。当時世界で起こっていた出来事についてはまったくと言っていいほど教わりませんでした。西部戦線の激戦が終わったばかりで、ヴェルサイユ条約が調印され、千五百万人の兵士が復員して仕事を求めていました。鉱山の労働条件は厳しく、すぐに事態は悪化して一九二六年のゼネストに至ります。しかし、こういった話題に触れた記憶はありません。新聞もあまり読みませんでしたし、時事問題は別世界の話のようでした。

それでも、私はセント・フェリックス校に通えて良かったと思います。家族から長く離れて暮らすうちに、自分で物事を考える習慣が身につきました。父の情事で母がどんな目に遭っているか、いつも心配でした。そして、たぶん父に毎日会わなくなったせいもあってか、父への見方も変わり始めました。家では、私たち家族は父の権威を大いに尊重していましたし、父が話す時は、ちょっとした話でもきちんと耳を傾けていました。しかし、母をひどい目に合わせたり、言い争いや涙を経て何度も仲直りしたりするのを見るうちに、次第に父への信頼も揺らぎ、父が何でも正しいわけではない、特にこの件については間違っていると思うようになりました。愛し、尊敬している人の欠点が見えてくると、心の中では葛藤がありましたが、もうすぐ、母に味方して父とぶつかるのだろうと心の中で思い、少なくとも今の母のような苦しい財政状態にはなるまいと心に決めていました。何とかして自立できるだけのお金を自分で稼ぎ、仕事をして自分の人生を生きることにしよう。私はセント・フェリックス校で、こう固く心に決めたのです。

学校での出来事や物思いとは対照的に、ウォーグレイブでは素晴らしい休暇を過ごしました。川沿いのピクニックやヴァーノンの得意なクロッケーや、週末にダイムラーに乗ってやってくる友達やお客様の中で、父母の諍いも忘れてしまったかのようでした。アルフレッド・ヘンリーとジャックは、もうこの頃には結婚していて妻を同伴していましたが、ヴァーノンも負けずにガールフレンドに囲まれていました。私たちは車やバイクでドライブしたり、ボートでぶらぶらしたり、夕方には誰かがクランクで巻き上げたレコードに合わせてチャールストンを踊るふりをしたりしました。霧がちの夏の朝、私は馬に乗って森や草原を駆け巡りましたが、十代の若者を楽しませるにはそれでもまだ足りないのかと言わんばかりに、当時の映画スターだったオーウェン・ネアズとサム・リビージーが庭を一週間借りて〈オール・ザ・ウィナー〉という映画を撮影し、私も群衆のシーンで参加したこともあります。

アルフレッド・ヘンリーとジャックは自分の家に住んでいたので、父は唐突に、ロンドンではホランドパークの家より狭い場所で使用人を減らしてもやっていけるだろうと考えて、ハムステッドのヒースドライブにある、小さいけれども家具や装飾が見事な家を購入しました。天井にはモールディング装飾が施されていて、壁にはシルクのパネルがかかっていました。父はその頃ワインに熱中しており、地下にはやはり立派なワインセラーがあり、居間にはホーン型スピーカー（とヴァーノンが組み立てた複雑な操作盤）を備えた我が家初の本格的なラジオ装置が鎮座して、サヴォイヒル《訳注：BBCが一九二三年五月よりサヴォイヒルでラジオ放送を始めた》から放送されるノイズまみれの音や弱々しいワルツを聞いたものです。私の覚えている限りでは庭には戸外からの入り口はなく、母が園芸用に頼んだ肥料は、バケツに入って食堂を通っていきました。この家で、父はD・A・シュルツという立派なアメリカ人実業家に初めて出会いました。シュルツさんはデュークストリートのビジネスに大いに興味を持ったようで、この人のことはその後しばらくいろいろと耳にしました。しかし十六歳だった私は、ウォーグレイブでのいろいろなことに夢中で、父の仕事のことはあまり気に留めませんでした。もっと言えば、できるだけ早くセント・フェリックスを中退しようという考えで、頭がいっぱいだったのです。

ある夏の晩、父とともに川べりに坐っている時にチャンスがやってきました。父は、私が学校生活について弁舌を振るうのに耳を傾けていました。一体いつまで学校にいなければならないのかしら。あんな試験を本当に受けなければいけないの。こんな話を聞いていると、父は自分の短い学生時代のことや、学校教育を下らないと思っていたことを思い出したのでしょう。突然父は、初めは皆と同じ見習い社員からで、給料も低いのは覚悟しなければいけないが、女の子が入社しても構わないと言い出しました。まさしく私の望み通りで、これぞ私が知りたかったことです。こうして私は、兄たちに続いてダンヒルに勤められるようになりました。自分の生活費を自分で稼いで、たぶんゆくゆくは、家を出て自分自身の世界を築くことができるでしょう。自分の願い通りだったとはいえ、まだ十七歳だった私は、後一年ほど我慢したらセント・フェリックス校がもたらしてくれるものをかなぐり捨てて出ていくのに、突然罪の意識を覚え始めました。とはいえ私は、父を説得して次の学期の終わりに退学する許しを得ました。当時はよく分かっていませんでしたが、学校は私に多くのものをもたらしてくれました。友達もたくさんできましたし、さまざまな女の子たちと交じって暮らすこともできました。学校を卒業して大学に進学した人や、社交界でデビューした人もいます。女性が実業の世界で身を立てるのはまだ珍しく、中には私のことを軽蔑した人もいるかもしれませんが、シルコックス先生はそうではありませんでした。

お別れの日にシルコックス先生の大柄な体をおずおずと見つめていると、先生は「お父様の会社に入られるんですって」とたずねてこられました。「そう伺ってうれしいわ。きっとうまく行きますよ」

思いがけない祝福を耳にして、私は喜び勇んでセント・フェリックス校を後にしました。世界が私の思うままに動いていると感じたものです。きっと、若さゆえの熱気にあふれていたのでしょう。

8　ダンヒル入社の頃

　一、二週間後、ノッティングヒルゲート工場のオフィスに通じる暗い階段を上がっていくと、不安がこみ上げてきました。仕事初日にはたいていの人は不安になるはずです。もちろんこれまでも、パネルで仕切られた部屋で父に何度か会ったことはあります。この部屋はおそろしい白髪の秘書が番をしていました。廊下沿いにいくつか扉を隔てたもう少し小さいオフィスからバーティ叔父さんがたまたま出てきてくれたら、ウィンクはしないまでも、笑顔で迎えてくれただろうと思います。今や工場長になったヴァーノンにお願いしたら、私を案内して、何人かに紹介してくれたでしょう。でも、いくら私が「親方《ガヴナー》」の娘だと言っても、自力でやっていかなければいけない、と父は断言しました。えこひいきなどはありえない、と釘を刺されていたのです。そこで、くすんだ色のオーバーオールを着てほかの女の子たちと同じ格好をしてから、「ジョン・バレット」と名前が書かれたドアを探しました。私が補佐することになる出納係の名前です。

ノックして、父の部屋の四分の一ぐらいしかない大きさの部屋に入りました。ジョン・バレットは背の高い、痩せた若者で、ダンヒル家の人々と体格が似ていましたが、書類が山のように積まれたデスクの後ろに立っていて、角にある小さなテーブルとグラグラした椅子の方へと私を促しました。ひとしきり話をした後、バレットは、「支払手形」や「売掛金」といった言葉を聞いたことがあるかと聞いてきました。初耳だった私は、バレットが渡してくれた、きれいに罫線が引かれた帳簿にややこしい項目が書かれているのを、ただぽかんとして眺めていました。複式簿記で貸方かと思ったら実は借方だった、みたいな取引を記録するのに、セント・フェリックス校で受けた教育は一体何の役に立つのでしょう。足し算はまあまあ速く正確にできましたが、ジョン・バレットが説明してくれたことがほぼチンプンカンプンだった、という事実を受け入れられなくて、何日も苦しみました。もちろん、本当は彼にそう言えば良かったのです。彼は話の分かる人で、将来総務部長になる資格を得るために、その頃夜間学校に通っており、その後も先見の明を発揮して会社に貢献してくれました。それだけではなく、そもそもバレット自身も何か月もかけて、ややこしい簿記を理解したのです。今私が知っている財務や会社実務に関する知識の多くは、彼が辛抱強く教えてくれたものです。

この工場は、セントジェームズにあった最初のパイプ作りの工房が発展したもので、会社の経営本部も置かれていましたが、当時六十人ほどの人が雇われていて、その半分はシガレットを作る女性たち、他の半分は男性で、パイプ作りや仕上げの工程を担う部門に分かれて、ヴァーノンの監督の下で働いていました。少し前にキングズクロスにパイプのボウルを作る工房が立ち上がり、ノッティングヒルゲートの工場は、無疵《むきず》のボウルがどのくらい手に入るかによりましたが、ダンヒルのパイプを毎週数千本生産していました。

労働条件は原則として週五日半勤務で、年次休暇は一週間でした。平日は午前九時から午後六時まで、土曜日は午後一時までです。ですから、土曜の午後は家に帰り、いそいそと服を着替えて週末を楽しむ準備をしたものです。特にクリスマス前などの忙しい時には、全部門の従業員が駆り出されて真夜中まで働いていましたが、超過勤務分の「残業手当」については話すら出ませんでした。数年の間は社員食堂もありませんでした。従業員の多くは、サンドウィッチと魔法瓶に入れて持ってきたコーヒーで昼食を済ませ、胃に流し込むとすぐ仕事を再開したものです。

現在の常識に照らすと厳しい環境に思えるかもしれませんが、第一次世界大戦直後には、求人数よりも、熟練者やそれに近い労働者の数がはるかに多かったのです。職人たちは仕事に誇りを持って当然と思うかもしれませんが、当時は職種を問わず、皆が一所懸命に仕事に取り組んでいました。給料が平均よりかなり高く、成長しつつある家族企業ではなおさらでしょう。父は、優秀で仕事に満足している労働者が一人いれば、並みの従業員二人分に匹敵すると考えていました。とはいえ、求職者が試しに雇ってもらえるチャンスが少なかったわけではありません。特にすでにダンヒルで働いているパイプ職人の家族は歓迎されました。職人の家風を、この会社はずっと大切にしているからです。もっとも工場では、「シルバーバッジ」の男たちと呼ばれていた傷痍軍人のための特別訓練プログラムを取り入れたばかりでした。

従業員たちの士気の高さを示す出来事がありました。おそらくヒューズ不良が原因でコットンウールとメチルアルコールが燃えて、火事になってしまったのです。会社全体が大きな損害を被る可能性もあったのですが、工場がまだ二交代制だったため、出勤していた人のおかげで商品は無事でした。そして数か月のうちに、工場で働く人たちが自分たちで二つの作業場と屋根の修繕を終えてしまったのです。今日なら、組合からさまざまな抗議を受けて、いろいろと遅れが出たことでしょう。しかし、この事件は私が勤め始める一年ほど前のことでしたが、当時会社で働く人たちにとって重要だったのは会社であり、会社の基盤となる雇用でした。ですから、仕事ができる人は本気で取り組んでいましたし、組合がやって来たとしても、会社に働き口をもっと増やすように促すだけだったと思います。

ジョン・バレットのオフィスでは、売上高に応じた歩合を毎週計算するのが私の仕事の一つでした。会社を立ち上げた頃に父が工房に導入した制度ですが、今では全従業員に歩合が支払われていました。私のような従業員は半クラウン（旧制度で二シリング六ペンス）強でしたが、これだけあれば映画に数回行けましたし、金曜日に給料袋の封を開ける時にはちょっとワクワクしたものです。また、会社全体の業績の分け前を毎週もらえて、ダンヒルで働けて良かったなという気分にもなりました。当時は一九二六年のゼネストが起こる数年前で、国中の多くの地域で失業率が高まり、働けたとしてもひどい労働条件に目を覆わんばかりでした。でも私は新しい仕事に熱中していたので、ジェーン伯母さんが労働党に投票したのを責め立てたのを覚えています。私は今でももちろんダンヒルという会社を気に入っていますが、十代の時にはもう、きちんと給料を払って従業員に気を配っているこの小さな会社のことを好きになっていたのです。

母がバーティ叔父さんの気取った生き方をどう思っていたかはともかく、叔父さんはノッティングヒルゲートきっての管理職になっていました。というのも、叔父さんは父と同じく細かいことに目を配っていたからです。叔父さんは生涯を通じて、切手は封筒にまっすぐ、正しい場所に貼りなさいと言い続けていました。きれいなインクつぼは、整った心や仕事の表れだというのが口癖です。彼は一日数百通の手紙を開封し、受領した手紙を一通ごとに登録して日付を記入する作業を監督していました。タイピストが一日に二、三回文字を修正したら警告を受けて、もし改善が見られなければ、別の仕事を探さなければならなかったでしょう。しかしバーティ叔父さんの大きな功績は、父には欠けていた管理のスキルや堅実な財政感覚を会社にもたらしたことです。後に見る通り、バーティ叔父さんのビジネスに対する洞察力が引き金となり、父と叔父さんは袂を分かつこととなりました。しかしこの時点では、二人の兄弟は互いを見事に補い、ノッティングヒルゲートでもデュークストリートでも、司令塔として尊敬を集めていました。

この二人の細部へのこだわりは、バーティ叔父さんが導入した緻密な苦情処理システムを見ればよく分かります。このシステムはある管理職が運営し、苦情がどのくらい深刻かによって、「アルフレッド・ダンヒルの署名を要す」と書いた赤いスタンプか、「ハーバート・ダンヒルの署名を要す」と書いた緑のスタンプを押されました。その後、最終的に誰の責任なのかが明らかになるまで、心当たりのある職員すべてに聞き取り調査が行われました。その後オフィスに苦情と報告が戻され、適切な処置が取られたのです。この仕組みは皆に嫌われましたが、効果はてきめんでした。この会社で働き続けたければ、ミスは避けなければならなかったのです。

ほとんどの人はバーティ叔父さんの要望に応えました。前にも言いましたが、彼らは仕事にも会社にも誇りを持っていましたし、さまざまな形の叱咤激励に応えようとしたのです。有益な提案は歓迎されましたし、能力やアイデアのある人たちにとっては、男女問わず力を発揮する余地がありました。父は工場に、会社の目的を思い出させようとして、こんな掲示を貼りだしたことがあります。

「私たちは他のどの工場よりも良い製品を作る努力をしなければならない。こうやって私たちは今まで会社を築き上げてきたし、これからも成功を確実なものにするだろう」

巷の店は戦後の好景気で賑わっていて、当時、工場で生産した製品はすぐに店頭に並びました。何かの用事でウェストエンドに行くと、レストランも店もいつも大繁盛でした。もう戦争は終わり、人々は切り詰めた生活にうんざりして、お金のある人は平和を祝いたがっていたのです。ロンドンを訪れるアメリカ人の数も増えてきました。アメリカ人たちは、ダンヒルに行くのはウェストミンスター大寺院に詣でるのと同じぐらい大切だと考えたようで、私たちの事業は新展開を見せました。さらに、ダンヒルは一九二一年に英国王室御用達の称号を授かりましたが、これはパイプ愛好家だったエドワード皇太子が愛用されたのをきっかけに、ダンヒルの製品がロイヤルファミリーのほかの方々の目にも留まったからです。俳優、政治家、作家や弁護士など、ほとんどありとあらゆる職業の人たちが常連客となりました。

お客様の多くは、戦時中にパイプやタバコを国外へ送ってもらっていた復員した将校たちでしたが、彼らは妻や女友達を店に連れて来てくれました。戦時中に喫煙の習慣が広まったことを受けて、今や女性も愛煙家になっていたのです。多くの女性たちは「カーニバル」というカラフルなシガレットを買い求めましたが、流行に敏感で新しい開放感を味わいたいと思った少数派の人たちは、婦人用に特別にデザインされた小さいパイプを求めました。中にはルビーやダイヤモンド、サファイアで飾られたものもあります。女性がパイプに再度興味を持つように仕向けた立役者の一人に、作家のラドクリフ・ホールがいます。

以前とは違い、ほとんどのお客様がダンヒルの製品をよくご存じで、買いたいものを決めてから来店されていました。また、たいていの人は急いでもいました。エドワード朝の紳士たちが店を見て回って、午前の半分を費やしながら、あるブランドを買うかどうか決めるといった優雅な戦前の日々は、遠い昔の話です。こうした活況を見越して、私たちは店舗を拡張していました。私たち一家の暮らしぶりが上向いたことからも窺えるように、戦前のダンヒルの利益は年三千ポンドほどだったのが、今や年四万ポンドを超えていました。この間、出版物への広告は一切出していません。というのも、商品の高級感を損なうことになると父が考えていたからです。売上が拡大したのはお客様の評判によるもので、来店する人の数自体も増え続けましたし、通信販売も活況でした。

ですから、先見の明のあるアメリカ人実業家D・A・シュルツがデュークストリートで目にした小売業に魅せられて、特にアメリカでの今後の事業展開を考え出したのも驚くには値しません。父がかつてハンプステッドとウォーグレイブでもてなした、あのシュルツさんです。卸売や輸出はもう始まっており、ニューヨークの代理店もすでに決まっていましたが、D・A・シュルツは父やバーティ叔父さんと、はるかに意欲的な展開について話していました。彼は仲間内ではD・Aと呼ばれていましたが、すでにアメリカ全土でタバコのチェーン店を展開していたほか、酒と雑貨を商うパーク&ティルフォードを買収しようと計画しており、ほかにも多くの魅力的な事業に取り組んでいました。D・Aは無視できない存在でした。大変な辣腕で大富豪にのし上がろうとしていた彼は、魅力的で人を見る目があり、実際に素晴らしい大富豪になりました。

ですからD・Aは、父たち兄弟に威厳をもって話をすることができました。ダンヒルの事業はもう、大きく展開するだけの資金のない二人の男の手には余るだろうと説得したのです。彼は次に、この手の申し出により敏感だったと思われるバーティ叔父さんに対し、今こそ法人化して、アメリカでの事業展開の多くをアメリカ人に任せるべきだと申し出ました。実際には四社を立ち上げることになったのですが、自分が作り上げた事業に他人が介入するのを他の誰よりも嫌った父でさえ、ついにD・Aの言うことには一理あると認めました。なんといっても父には、パートナーに反対されたというだけでダンヒル・モートリティーズから手を引いて、後で悔やんだ過去があります。また、D・Aとの提携に将来性があるとよく分かっていたバーティ叔父さんが、父を説得する上で大きな役割を果たしたことは言うまでもありません。結局D・Aと短期間のうちに何度も話し合った後、父は渋々ながらも折れて取引をすることにしました。これまで築いてきた社風や商品の品質がアメリカ的なやり方のせいで損なわれるのではないかと父はおそれたのかもしれませんが、一方では、これを機に引退して、何か新しいことに没頭する機会だとも思ったのでしょう。

D・Aはまず、ニューヨークの五番街、四三番地に店をオープンし、ロンドンの高級店員がこの店の運営に当たることになりました。一九二三年、資本金三二万五千ポンドのアルフレッド・ダンヒル社がロンドンに設立され、父が会長、バーティ叔父さんが最高経営責任者となり、アルフレッド・ヘンリーとヴァーノンは二人とも役員になりました。D・Aはこのロンドンの会社の株式を多く取得しましたが、ニューヨークでの展開に専念しました。ニューヨークにはアルフレッド・ダンヒル・オブ・ロンドン社が一九二四年に設立され、同時にトロントとパリにも法人が立ち上げられました。ロンドンの会社はニューヨークの会社の少数株主でしたが、この株はすぐにD・Aが取得しました。元々ロンドンと製造委託販売契約を結び、アメリカでのダンヒルの事業会社を完全に所有するつもりだったのでしょう。D・Aは、一九四九年に亡くなるまで、辣腕を存分に発揮しました。

フランスの事業では、タバコ事業が専売制であったことにより、大きな進展がありました。パリのラ・ペ通りの新しいショールームは方針転換を余儀なくされ、高級革製品や壁時計、腕時計、ブロンズ製品、メノウやヒスイで仕上げられたシガレットボックスやシガレットケース、さらにははるばる日本まで出向いて権利を取得してくれた人のおかげで、日本の職人による漆製品などタバコ以外の商品を専門に扱うようになりました。この手の高級品はラ・ペ通りでは飛ぶような売れ行きで、後にロンドンやニューヨークでも扱われるようになりました。こうして、フランスの新会社により、タバコを補完する商品が揃うようになったのです。ギフトにぴったりの商品が多く、これらはダンヒルの事業において重要な一角を占めるようになっています。経営判断とは別に、幸運が私たちに味方したのは、これが最後ではありませんでした。幸運というものがあるならば、ダンヒルという会社は長年にわたり、並々ならぬ幸運を授かってきたと思います。

一九二四年夏には、新会社はまた重要な製品を売り出しました。ダンヒルのライターです。戦中や戦後に、市場には質が悪く、信頼性の低いライターがいろいろと出ていましたが、ダンヒルは、シンプルな機構ですが入念に仕上げたライターを作りました。きっと、ヴァーノンの功績もあると思います。片手で扱える横向きのフリントホイールはまったく新しい発明で、今日に至るまで、いろいろな形や大きさやスタイルのライターで使われている方式です。

パリでもロンドンでも新しいライターは発売後間もなく大ヒットし、銀や金のライターに続いてエナメルや漆を使ったデザインのライターも売り出されました。間もなく、ポケット用、ハンドバッグ用、テーブル用とあらゆる用途のダンヒル・ライターが発売となり、花籠をあしらった宝石付きライターの特別注文も入りました。千五百ポンドと当時としては大金でしたが、職人たちがこれ以上望めないほどに見事な腕前を発揮した逸品です。

しかし、ノッティングヒルゲートに話を戻すと、ライターのことは数週間話題になりましたが、こうした出来事はジョン・バレットの部屋であくせく数字と格闘する私には遠い世界の話でした。当時は何度も何度もチェックして自分の計算が正しいかを確かめていました。今ではイギリスのどんな子供でも持っているようなポケット電卓で確認できるようになったことに、たじろいでしまいます。夕方になって家に戻ると、ヴァーノンと私は、パリやニューヨークからの新しい知らせについて話してくれるようにと父にせがみました。しかし父は、次第にふさぎ込んで引きこもるようになり、私が入社してからわずか一年半の間に自分の会社が新しい世界へと踏み出そうとしているのに、あまり興味がない様子でした。役員会にも苛立ち、計画を共有したり、役員たちに管理されたりするのに不快感を抱いていました。最高経営責任者のバーティ叔父さんは、家族ではない人を新しい役員に据えようとしていましたが、この人は父よりもバーティ叔父さんに同調し、それもまた父の憤りの種でした。そしてこの日のことは忘れられませんが、父がオフィスに寄って、毎週やっているように現金を少し自分の財布に入れようとしたところ、伝票を起こして新しく任命された総務部長の署名をもらわないと出金できないと事務員に言われたのです。その男が会社にいられるのは、ひとえに父のおかげだというのに。

「こんなひどい話があるか」と父はその晩夕食の席で吠え立てました。お酒も入っていたのですが、母がなだめようとしたので、ついには席を立って部屋を飛び出て、ドアをバタンと閉めてしまいました。父は具合が悪いのだと母はその場を取り繕いましたが、挫折が五十男にノイローゼを引き起こすことがあるのなら、父は確かに病気だったのだろうと思います。なんと言っても、ダンヒルは父自身が努力して築き、父一流の感性でお客様の好みやニーズを探り当てて大きくしてきた事業です。それなのに、父は役員会の圧力に耐えられず、他の人たち、しかも実の弟が、父の実権を奪ってしまったわけです。

その晩、ヴァーノンがテーブルの向かい越しに投げかけてきた視線は忘れられません。父はもうこれ以上の仕打ちには耐えられないのだろうということは分かっていました。でも、母も私たち皆も父の怒りに同情しなかったので、父の人生の中でヴェラが占める割合が増えるのだろうということも分かっていました。

でも父は、いつもながら、あっと驚く仕掛けを隠していました。新しいゲームを求める願望がいつも父にまとわりついていたのです。一、二日経って、父は私たちに、ウォースターシャーから運んできて、ハローウィールドに移築したチューダー式の古い納屋を、四十六エーカー（約五万六千坪）の土地と一緒に買ったと宣言しました。想像を絶するほどの最高の家になるぞと言うのです。またしても引っ越すことになりました。

9　メアリー・ダンヒル開業

　私たちは新しい家を「オールド・バーン」（古い納屋）と名付けましたが、父が初めに私たちをこの家に連れていってくれた時は、まだ住める状態にするための手入れをしていない段階で、あのなんとも近寄りがたい雰囲気は一度見たら忘れられるものではありません。守衛の小屋を通り過ぎ、後に車道になる小道を進み、壁に覆いかぶさりそうな木々の間を手探りで進んで、暗い中方立《なかほうだ》ての付いた窓や、鋲の付いたドア、ヘリンボーン模様のレンガなどを、目を凝らして見たのを覚えています。屋根だけでもテニスコートほどの大きさです。持ち主はリフォームが完成する前に死んでしまったのでしょう。でも、イングランドの国土の半分を横断してこんなに古くて巨大な家を持ってくるなんて、その人は何に取り憑かれたのだろうと思ってしまいました。

　父は見える範囲で一番大きな扉のノッカーを力強く打ちつけて、これから管理人と話をつけなければいけない、と言いました。彼は一、二年ほどこの場所に居坐っていて、新しい持ち主のために立ち退くのを嫌がっているというのです。父の言葉は間違いではないようで、きしみながら扉が開き、しわだらけの老人が嫌々ながら、薄暗い洞窟のような屋内に私たちを招き入れました。薄明かりに目が慣れるとステンドグラスの窓があるのに気づきましたが、花綱装飾にクモの巣が張っていました。見事な彫刻を施した大きな階段が窓へと伸びていますが、ギシギシいう踏板には埃が堆く積もっています。私たちが階段を上っていくと、まるで見知らぬ人を怪しむ犬のように、老人はタバコを吸いながら後をついてきました。父ははしゃいだ様子でマントルピースを指さしました。父によると、グリンリング・ギボンズ《訳注：オランダ出身、一六四八～一七二一、ウインザー城やセントポール大聖堂などを手掛けた彫刻家》作だということです。私たちは室内をじっくり見渡しました。母屋の桁やトラスで補強した巨大な梁を点検し、古いのみ仕事を指でまさぐってみました。どこもかしこも巨大でわびしげで、不吉でした。寝室の一つから、コウモリが私の頭をめがけてまっすぐ飛んできました。

オールド・バーンを初めて訪れた時のことを思い出すと、父がこの奇怪な様子にびくともしなかったのはおろか、母をうまく乗せて、こんな家にふさわしい素晴らしい家具を揃える話に夫婦して夢中になったのは、まったく驚くしかありません。ロンドンに帰る途中、二人は家具の話でもちきりでした。話し合いは何日も続きましたが、さらに父はリフォームのために大工の一団を派遣し、コウモリやクモを駆除して、三つの浴室を補修するために鉄パイプを組ませました。凄まじい仕事です。周囲の敷地では、何か月もかけて四十人ほどの作業員が木を切り倒し、壁やテラスを建てていき、湖や滝を作るために流れをせき止め、テニスコートやゴルフのパッティンググリーンを作り、春には一面のシャクナゲやアザレアに囲まれるように、花壇や敷石の配置をきちんと決めていきました。母は、メイプルの家具店を営む友人たちが送ってきた家具を積んだトラックの荷下ろしを監督し、応接間を古いオークの家具で満たし、ほとんどの寝室に天蓋を付けて、初めて管理人に会った時に歩いた見事な階段の近くにタペストリーを掛け、磨き抜かれて輝いている床にはペルシア絨毯を敷きました。グリンリング・ギボンスのマントルピースはウェディングケーキのように輝いて新品のようになり、前の床には虎の毛皮が敷かれました。最後の仕上げはガレージです。しばらくの間ロールス・ロイスが三台置かれていて、その後ろには、はね上げ式の座席を備えたシアターが作られました。すべて完成すると、『カントリー・ライフ』誌が記事でオールド・バーンを取り上げ、趣のある名建築と評してくれました。

父がこの家にどれだけのお金を費やしたのかは想像もつきません。私たちはこの家を十年後に約六万ポンドで売りましたが、一九七〇年代にまた別の人の手に渡った時は、その四倍で売れたそうです。ですからこの改築はどう見てもかなりの散財でしたが、ロマンティックで滑稽ながらもどこかもの悲しく、ちょっと頭のねじが飛んだ、一九二〇年代らし

オールド・バーン

いお金の使い方だったと思います。ついに戦争の恐怖から永久に解放されたように思えた時代で、映画や歌やダンスなど、アメリカ的な楽しみや活気がイギリスにも入ってきていました。大きな家では、大勢のお客様をもてなすのが一番大切な行事でした。スコット・フィッツジェラルドが《訳注：小説『グレート・ギャッツビー』に》描き、私自身も間もなく体験することになる、ニューヨークのロングアイランドでの贅沢きわまるパーティーよりは慎ましいものですが、オールド・バーンのたたずまいや贅沢な雰囲気は、きっとジェイ・ギャツビーも気に入ったでしょう。シュルツ家の人々はもちろん気に入っていました。父について言えば、これもある意味「ダンヒル家の仕事」でした。父が見事だと思った古い家を職人技と匠の腕で蘇らせ、あらゆる点に細心の注意を払ったからです。この家は、父が望んだほどの注目を集めることができず、誰もが認めるボスでもなくなったために、事業への興味が急速に薄れていった時期において、父のキャ

リアの頂点を示す力作でもあったのだろうと思います。

いずれにせよ、オールド・バーンには週末になると皆が集まり、女の子たちはボーイフレンドが運転するライレーやスイフト、モーリス・カウリー・ブルノーズといったヴィンテージカーに乗って、探検や宝探しに出かけました。大笑いしながら地図や手掛かりを探してあちこちを移動したり、時には標識を逆さまにしてみんなを迷わせたりしながら、車が故障していなければ、最後は当時の若者がよく集まった郊外の居酒屋《ロードハウス》でアフタヌーンティーを楽しみました。ロードハウスでは、当時の盛り場にはどこにでもいたライブバンドに合わせて、フォックストロットやワンステップを踊り、ついにはチャールストンの複雑なシンコペーションのステップをマスターしました。チャールストンは、皇太子が堂々と踊り、彼が好んだということで一世を風靡したダンスです。

その後は、当時乱立していた朝の二時までダンスができるロンドンのナイトクラブでカクテルを飲むほど気が大きくなっていなければ、たいていはオールド・バーンに帰り、蓄音機から流れるルイ・アームストロングの「ホットファイブ」のブルースに合わせてパーティーを続けたものです。ニュースの時間にラジオをつけたら、飛行機がまだ危険な乗り物だった時代でしたから、また小型飛行機やツェッペリンが墜落したとか、あるいは自動車の速度記録が時速二百マイルを超えたといったニュースが聞こえてきたでしょう。私たちは、仮面舞踏会やヌード・パーティーを楽しんでいたロンドンのボヘミアンたちをささやかながらも真似していたのです。ボヘミアンたちの生態はイーヴリン・ウォーの初期の小説「卑しい肉体」に書かれていますが、親たちの世代の道徳観をひっくり返したと言われたものです。でもとにかく、私たちは毎週末をひたすら楽しみました。あくせく働く平日とはまるで別世界です。もっと言えば、当時の男の子たちは、今よりもずっと女性のことを尊重していました。親しみやすいメロディーで心の琴線に触れるセンチメンタルな流行歌を聞きながらロマンティックな気分になることはあっても、男の子たちに大切にされて悪いことは何もありませんでした。

兄のアルフレッド・ヘンリーとジャックもこうしたパーティーにはよく来ていましたが、今では二人とも自分の家を構えていました。アルフレッド・ヘンリーはスタンモアに住み、ジャックは、黄色いドレスを着ていたあの少女、メイジーと結婚したばかりでパリに住んでいました。ジャックはパリのラ・ペ通りに出したばかりの新しい店で働いていたのです。二人とも望ましい結婚ではなかったと私は思っていて、特にジャックの結婚はずいぶん無謀だと内心考えていました。これは父の責任も大きいと思います。自分は情事にふけりながら息子たちには厳しく、付き合いたての頃にガールフレンドを家に呼ぶことを許さなかったからです。ヴァーノンはまだ独身で私たちと一緒に住んでおり、父とは徐々にぶつかるようになっていましたが、彼も私の意見に賛成でした。朝ノッティングヒルゲートへと向かう車の中で、私たちはよくこんなことを話し合ったものです。また、バーティ叔父さんが最高経営責任者として権力を握り、シュルツさんもいろいろと影響力を及ぼして自分の望み通りに事業の舵取りをしている中で、父はどうなるのだろうとも話していました。

実際には、オールド・バーンの改築が終わるとすぐに、父は自分の殻にどんどん閉じこもり、大酒を飲み、怒りをぶちまけ、ひどく飲み過ぎて医者の世話になることもありました。役員会の議長を務める時ですら、会社には行かなくなりました。今ではほぼ片目しか見えなくなっていましたが、それでも父はロールス・ロイスを自分で運転して、時には何日もいなくなりました。行き先はたいてい、ポピー号を置いていたバーナム＝オン＝クラウチですが、そこにはたぶんヴェラもいるのだろうと私たちは勘ぐっていました。とはいっても、父自身が昔広告で「新しいアイデアをきちんと売り出す」と言っていたその言葉通りに、父は新しいベンチャー事業にいつも目を光らせていました。あるプロジェクトではエッジウェアにある工場に関わり、父の指揮の下でヘアオイルやフェイスクリームなど、舞台や当時「妖婦《バンプ》」と呼ばれていた女性を連想させるような、あらゆる種類の化粧品を製造していました。そして父はある晩夕食の後に私の所に来て、驚くべき話をもちかけてきたのです。

それは、私がノッティング・ヒル・ゲートの仕事を休んで理容店のようなものを立ち上げ、父の代わりにこうした化粧品を売ったらどうか、バーティ叔父さんとジョン・バレットには話を通しておくから、という誘いでした。きっと私には良い経験になると父は言ってくれましたし、たぶん私の想像ですが、父はこの事業に携わることで、デュークストリートから距離を置いていることをはっきり示せることになるのでしょう。この頃には、ロンドンの会社を立ち上げた時に手にした金に加えて、ダンヒルからの配当金でかなり裕福な生活をしていましたから、当然ながら父が事業に全額出資する形になります。独立した会社を作って、メアリー・ダンヒルと名付けよう、と父は提案しました。

もちろん私は、この考えに飛びつきました。父はちょっと真似のできないやり方で、ノッティングヒルゲートでこのアイデアを「売り込み」、私はすぐに、ランカスターゲートに良い敷地を見つけて、助手の求人広告を出し始めました。私が理美容について知っていることと言えば、父がタバコ商を始めた時のタバコの知識と大差なかったからです。こうして一九二六年、二十歳の時に私は自分の事業を立ち上げました。ちょうどゼネストが起こった年です。TUC（労働組合会議）がイギリス経済を停滞させようと試みており、大学生を中心とするボランティアたちが、交通機関などの公共サービスをあわてて動かそうとしていました。この国の労働関係に激震を走らせた事件ですが、私の話には直接関係しませんので、ここまでにしましょう。

パートタイムで始めた事業ですが、女性のドレスやファッションに当時起きつつあった革命のまっただ中に投げ込まれて胸が躍りました。戦後に製造され始めた「セラニーズ」、後にレーヨンと呼ばれるようになった人造繊維のおかげで、働く女性でも普段使いのドレスを少なくとも二着か、あるいは三着買うことができるようになりました。セラニーズのドレスは軽く、男性的な印象の裁ち方で、裾はひざ丈でした。(その後数年は、株式市場の動向に合わせて一インチか二インチ上下したと言われています)。二〇年代半ばの女性はより男性的な装いに身を包み、ウエストラインや胸を強調する必要がなくなったので、ドレスのシルエットはチューブ状になりました。そのため下着もさらに進化したのでしたが、さらに後には、平らな胸の流れに逆行する「ブラ」が普及することになります。

こうした服の変化により、女性たちのヘアスタイルも大きく変化しました。二〇年代初めに流行したぴったりしたクローシュ帽に合わせて、女性たちはショートのボブヘアに変え始めましたが、当初はずいぶん気取っていると思われたものです。ボブヘアはその後イートンクロップ、さらにはシングルカットへと進化し始めました。美容の世界では、女性が髪を染めるべきかどうかという議論や、「ブロンドは週末に、ブルネットは監獄に」といった当時の価値観についての論争もわき起こり、毛髪の色が濃い人たちの多くは、過酸化剤を惜しみなく使って脱色するようになりました。また、〈メイド・オブ・ザ・マウンテン〉のヒロインだったホセ・コリンズや、ドリー・シスターズ、ポーラ・ゲリブランドといった、当時の有名人たちの真似をする人たちも大勢現れました。ゲリブランドはデビューしたばかりでセシル・ビートンがたくさん写真を撮り、藤で縁取った帽子をかぶってリッツホテルで昼食を摂ったなどと、ゴシップ記者たちが記事に書き立てたものです。

こうして、お客様に接したり、自分のスモールビジネス全体を回したりする経験を積むことができましたが、エッジウェアの工場で父が新たに作った商品の販売を通じて、間もなくアメリカのダンヒルで大きく展開することになる化粧品のマーケティングを先駆けてやっているのだとは、当時はまったく気づきませんでした。この頃は、毎朝六時に起きて、ランカスターゲートで一日の大半を過ごしつつも、ノッティングヒルゲートやデュークストリートにも足しげく通うので必死でした。ジョン・バレットの仕事はあまり手伝わなくなっていましたが、修業時代を過ごしたメインの家業から離れたくありませんでしたし、最終的な未来はダンヒルにあると確信していたからです。ですから、二十一歳の私は小娘だった割には忙しく、きっと飲み込みも早かったと思います。

一九二七年には思いがけず休暇を楽しむことになりました。シュルツ家が母と私を招待してくれて、ニューヨークで三週間過ごすことになったのです。レジの現金の心配はもちろん、ランカスターゲートでの胸躍る日々から離れるのは不安もありましたが、もう助手が五人もいて、そのうちの一人は短期間なら問題なく現場を任せることができるようになっていました。それに、母は父との諍いで気がめいっていて変化が必要でしたから、旅行をとても楽しみにしていました。いずれにせよ、母も私も、この機会を逃すものかと考えたのです。

一九二七年は、チャールズ・リンドバーグが、地図もパラシュートも持たずに、ニューヨークからパリまで単発単葉機で単独大西洋横断飛行に成功した年でした。今日では当たり前になっているジェット旅客機の幕開けを告げる危険な冒険でしたが、リンドバーグは過酷な条件下で一日のうちに飛行をやり遂げたのです。もっとも私たちは、豪華きわまる大西洋横断の旅を楽しみました。サザンプトンからキューナード・ラインの運航する豪華客船「アキタニア号」に乗り込んだのですが、ロンドンからほとんど離れたことのなかった小娘にとっては、天にも昇るような経験でした。

船自体も見事に飾り立てられた職人技の結晶でした。ルイ十四世風のダイニングルームではフォーマルなイブニングドレスを着用することになっており、ほかにもパッラーディオ様式《訳注：イタリアの建築家パッラーディオの設計から派生した建築スタイル》のラウンジやエジプト風の水泳プール、「レイノルド」「ゲインズボロー」「ロムニー」と名付けられたスイートルームなど、見事な装飾で洋上にいることを忘れてしまうかのような設計でした。丸五日間、私たちは夢にも思わなかった素晴らしい生活を送りました。アンテロープやフォアグラなどの珍しい料理を味わい、映画スターや有名人の姿をいつも探していました。眉を剃り、腕にダイヤモンドの腕輪を光らせた若い女性の間では、胸元を広く開けたデコルテドレスが流行りつつありました。私たちの事業にとって幸いしたのは、連れの男性がトルコやヴァージニアのシガレットを金や銀のケースに入れて持ち歩いていたことです。もしタバコを切らして、ヴァージニアならぬ「ヴァージン」しか提供できないとなったら、謝罪をしなければならなかったでしょう。当時の社交界では、マナーや儀礼が今よりはるかに重要な役割を担っていました。船長主催の晩餐会が毎晩開かれましたが、晩餐会はダンスや楽しみに満ちた長い夜の始まりに過ぎませんでした。

今日の旅慣れた人たちなら、ニューヨークの摩天楼やスラム街と聞くとワクワクどころかがっかりするかもしれませんが、二〇年代、当時二十一歳だった私は、朝もやの中をマンハッタンに向けて船が進み、生まれて初めて自由の女神を目の当たりにし、エンパイアステートビル周辺の一角が白白夢のように遠くに浮かんでくるのを見て、心を躍らせたものです。私にとって、地球上で一番刺激的な場所であり、世界のビジネスの中心であり、ずっと訪れたいと願ってやまなかった街です。下船するとすぐに、シドニー・バリンジャーが明るく出迎えてくれました。元々はデュークストリートの上級店員で、五番街に初めてオープンしたダンヒルの小売店の支配人としてアメリカに赴任した人です。私たちはすぐに豪華なリムジンに滑り込み、ブロードウェイや、きら星のように並ぶ店を生まれて初めて眺めました。どの店もロンドンの店より大きく、豪華に見えたものです。

シュルツ一家は私たちを温かく歓迎してくれました。シュルツ家の豪華なニューヨークのマンションの窓からは、夜になると星が煌めくように明かりのついたビルがたくさん見えて素晴らしい眺めでした。はるか下の舗装された道をアリのように歩く人たちの眺めも、この世のものとは思えない景色です。

ロンドンとは対照的に、まばゆい光に満ちて目まぐるしく動くニューヨークに目を輝かせたのも事実ですが、D・Aの話を初めてじっくり聞くことができたのには本当に刺激を受けました。彼はアメリカのビジネスや経済状態について驚くほど明晰に話し、百万ドル単位の数字を並べてポケット計算機のようにパーセントを計算し、指は空中を舞い、目はこちらをまっすぐ見て、私が話について来ているかどうか確かめていました。ロシア人とオーストリア人を両親に持ち、七歳の時にニューヨークに移り住んだD・Aは、雑用係や事務員を経てついにはチェーン店を経営し、加えて先に述べたさまざまな事業を展開するようになりました。五十四歳だった彼は、この時がキャリアの頂点でした。心は張り詰めたエネルギーに満ちていて、一度に半ダースのことを同時に考えられるかのようでした。タバコや酒や雑貨店のビジネスのほかに、D・Aは不動産やレンタカーのビジネスにも手を伸ばしており、彼の名前や事業について新聞で見ない日はなかったほどです。ダンヒルの事業をアメリカで始めるにあたって、彼以上に有能な人は望めなかったでしょう。D・Aの話を聞き、ランカスターゲートでのスモールビジネスについて助言を求めながら、これほどの人とパートナーになるチャンスをつかんだバーティ叔父さんは見る目があると思い始めていました。

D・Aには三人の息子がいました。それぞれアーサー、ジョン、デービットという名前でしたが、とりわけアーサーは魅力的な若者でした。私より五日だけお兄さんでしたがすぐに仲良くなり、生涯にわたって友情を育みました。アーサーは私をブロードウェイや映画、あるいはジャズのセッションへと連れていってくれました。禁酒法の時代で、アル・カポネが敵対する密造人とシカゴで銃撃戦をしていた頃でしたが、「スピークイージー」という名の、隠れて酒を飲める場所にも行きました。鍵のかかった扉の後ろに洞窟のような店があり、あらかじめ名前を告げておいて、それが合い言葉になる仕組みでした。世界有数の金持ち風の人たちと一緒に、警察が来るまでホワイトレディを飲んだものです。週末には、ニュージャージー州にあるシュルツ家の農場を訪れました。

忙しくもロマンティックな休暇でしたが、帰りのモウレタニア号でのことで、ブレットという別のハンサムな若者に出会って有終の美を飾りました。彼はアメリカチームの花形ポロ選手でした。自立した未来を自分の手で手繰り寄せるまでは結婚するまいと心に決めていたので、ブレットの魅力的な申し出を断ったこともありましたが、それでも月夜の中で頬を寄せ合って踊ったり、船の航跡の向こうに煌めく明けの明星を見たりと、長い時間をともに過ごしました。ブレットとは連絡を取り合って、二年後の一九二九年に私は再びニューヨークに行きました。この時もシュルツ一家とご一緒しましたが、今回泊まったのはバークレーホテルです。私のヒーローは、ポロ競技場で息を呑むような離れ業を披露したあと、ある時は意気揚々と、ある時はがっかりして帰ってきましたが、その後あちこちのクラブで楽しい夜を過ごしたものです。

失業が広がりつつあるアメリカで信用貸しのビジネスが肥大し、ウォールストリートで投機が盛んになっているとはＤ・Ａから聞いていましたが、ロンドンに戻ったその年の十月に、世界を震撼させる大恐慌が起こりました。アメリカ的な生き方をロマンティックに捉えていた私も、Ｄ・Ａが財産の多くを失い、父やバーティ叔父さん、アルフレッド・ヘンリーやジャックまでもが、Ｄ・Ａに勧められてパーク＆ティルフォードに投資していたため、おそろしいことにそれぞれ数千ポンドを失うこととなり、急に夢が醒めて現実にピントがあったかのように感じられました。ヴァーノンだけは賢明にも、イギリス国内での投資に留めていたため損をしませんでした。

10　父の引退と私の結婚

翌年の夏、バラの花壇やオールド・バーンのへりが赤く染まる頃、父はロールス・ロイスのトランクにスーツケースをいくつか詰めて、私たちの下から永久にいなくなりました。私がニューヨークから戻ってこのかた、父は家にいる時はほとんど書斎に閉じこもり、時には庭に駆け出しては、灌木や花一本でもきちんと手入れがされていないと見て取ると、あれこれ指示を与えていました。父は母とは違い、庭いじりの才能はありませんでしたが、芝生や壁やテラスを作ったり、森を開墾してツリガネスイセンに染まる草原を作ったりして、大いに気晴らしをしていました。でも、もうその仕事も片が付いて、これ以上作るものがなくなると、父は興味を失いました。ヴェラとの生活は相変わらず父にとって大事だったようで、父はオールド・バーンを後にして、二度と戻ってきませんでした。その後、三十年後に父が亡くなるまで、父に会ったのはわずか三、四回だけです。

しかし、その夏が特に忘れられないのは、父がいなくなったからではありませんし、ヴァーノンが結婚してキャンプデンヒルに住むようになったため、母と私だけの静かな暮らしになったからでもありません。その夏が私の記憶から消えないのは、ホルマン一家と友情を育んだからです。一家の母親は家具商「メープルズ」の創業者の孫娘で、父親は開業医でセント・ジョンズ・ウッドの自宅で診療をしていました。二人は六人の子をもうけて、娘のうち二人は医者と結婚していましたが、心の温かい愛情豊かな家族でした。ある週末、いとこの一人がオールド・バーンにホルマン家の息子の一人を連れてきました。黒髪でハンサムなジェフリーという名の医学生です。当時二十一歳だったジェフリーを見るなり、今まで感じたことのない魅力の虜となりました。

これまでのボーイフレンドやダンヒル家の多くの男性とは異なり、ジェフリーは皆に親切で、気さくな人柄を醸し出していました。大柄で、背が高く肩幅の広い彼は、人間を大いに愛していたのでしょう。自分自身が生きることへの熱意にあふれていたので、自分が感じている楽しみや喜びを、いついかなる時でも人に伝えたいと思っていました。少し女性的な所もあり、親切で思いやりがあるばかりか、他の人が伝えたいと思っていてもうまく言葉にできないことを理解する能力に長けていました。二十一歳にしてすでに一流の医者になるべき人格を備えていましたし、実際すぐにそうなりました。私はまだブレットのことも好きでしたが、ブレットの場合はジェフリーの魅力とは違って、自立したいという私の決心を揺るがすことはありませんでした。ジェフリーは朗らかで、私が何も言わなくてもたいてい、私の考えていることを分かってくれました。今までにない経験です。

ある時二人でドライブに出かけて、牛を見つめながら、ほとんど何も言葉を交わさなかった時のことを覚えています。クロッケーもしましたし、笑い合いました。もう何か月も前から知り合いのように、庭を歩き回ったりしました。それから、突然結婚の話になって、私が不安に思っていることを話しているうちに、ジェフリーは心から人に与えて分かち合い、本物のパートナーシップを築きたいと願っていることに気がつきました。私を押さえつけたり、母のように家に閉じ込めて、召使いのように家事をやらせたり、という様子は微塵も感じられません。また、ジェフリーは医師の免許を取ったら父が経営する病院の共同経営者の地位を購入しようと希望しており、そのためにお金を稼がなければならないこともすぐに分かりました。ということは、彼を助けるためには、私もこれから長年働き続けなければならないわけです。こう考えるとうれしくなりました。

週末を目まぐるしく過ごした後で、四十年前の慣わしに従って、ジェフリーは厳粛に正式なプロポーズをしてくれました。私たちは湖にかかる橋の上に立って見つめ合いました。二人の目は笑っていました。その瞬間に彼と結婚するとは言いませんでしたが、結婚しないとも言いませんでした。

しかし、一日か二日のうちに、心の周りに築いていたつもりのバリケードがガラガラと崩れてしまいました。もう、自分の頭も心もコントロールできません。ジェフリーのことを愛していましたし、それも深く愛していたのです。それから数週間も数か月も、喜びと心痛が交互に現れました。一緒にいる時は天国で、別れる時はいつも新しい地獄が現れるかのようです。ランカスターゲートで忙しく働いていなければ、彼が研修を受けている病院であろうとどこであろうと、彼のことをいつも探し回っていたことでしょう。

すぐに私たちは正式に婚約し、私はイタリアのメラーノ《訳注：イタリア北部、オーストリア国境から南に数キロに位置する温泉保養地》にいるバーティ叔父さんに会いに行きました。叔父さんは、結核の治療のため同地のマンデスリー病院に何度も通っていましたが、その後メラーノで過ごす時間が増えて、今では一軒家にずっと住むようになっていたので、その家をホテル代わりにしました。父が一九二八年に引退し、アルフレッド・ヘンリーが会長職を引き継いでほぼ名ばかりの最高経営責任者になったのですが、バーティ叔父さんが遠隔で会社を経営できるように、デュークストリートやノッティングヒルゲートでのあらゆる出来事の記録をメラーノに送ることになりました。叔父さんは事実上経営をコントロールして、売上高を毎日電報で受け取っていました。男性従業員二名が代わる代わる、報告書や計算書、昇給の提案、叔父さんが署名しなければ実施できない要請書などが詰まったかばんを携えてメラーノに出張しました。一番馬鹿馬鹿しかったのは、お茶くみの女性の給料をバーティ叔父さんの許可なく半クラウン上げて、大騒ぎになった時のことです。この時叔父さんは顔をまっ赤にして怒ったものです。彼は毎週、メモや指示の入ったかばんを送り返してきました。叔父さんの鋭い目には、どんなに細かいことでも瑣末だとは映らないようで、オフィスで封筒に切手を貼る時のやり方や、切手が同じ色でない時に開けておく余白まで、口うるさく言っていました。

健康が悪化して母国に住めなくなってさえも、会社の実権を譲ろうとしないのは度量が狭いように思えますし、もちろん私たちも、バーティ叔父さんのやり方には大いに苛立ちました。でもこれから見る通り、叔父さんのおかげで、私たち一家は叔父さんが生きている間、ロンドンの事業を確実に支配できたのです。例えば、ロンドンのアルフレッド・ダンヒル社はアメリカ、カナダ、フランスの各社の持分を一九二六年に当初の価額の十倍で売却していたのですが、バーティ叔父さんは近頃、カナダとフランスの二社の経営権を取り戻し、ニューヨークのダンヒル・インターナショナル社の株式も多く買い戻しました。理由は簡単で、ウォールストリートの暴落後数年間にわたり、D・Aが約定の年間手数料を支払わなかったからです。ですから、ロンドンの役員たちはこの時点ではチェスの駒のようなものでしたが、バーティ叔父さんが手掛けるこの手の金銭取引に抜かりはないだろうと皆が信じていました。叔父さんは、いつお金を使うべきか、いつ警戒すべきかを知っていたのです。

年月を経てバーティ叔父さんとの付き合いが深まり、叔父さんのことがとても好きになっていたこともあって、こうして叔父さんがイギリス国外に住まなければならなくなると、いつしか私が橋渡しの役を果たすようになりました。事業のことや皆がどう働いているかをしっかり説明でき、叔父さんの決定をきちんと理解して忠実に実行するように取り計らえるからという理由ですが、時には仲間たちに妬まれることもありました。

ジェフリーと一緒に結婚の直前と直後にメラーノを訪問した時も、店での出来事を一つ残らずこまごまと伝えなければなりませんでした。近頃私たちは店を拡張し、豪華なシガールームを設けていましたが、叔父さんは、革製品や貴金属、宝石などの高級品の動向についても詳細な報告を求めました。パリで高級品を販売して成功を収めたダンヒルはロンドンでも、タバコ関連製品の販売とは別に、ギフトショップとしての名声を確立していたのです。こうして、成長しつつあった私たちの事業に新しい補完的な部門が加わりました。叔父さんはまた、新しいお客様や新たな注文についてもすべて報告を求め、例えば、英国王室御用達の称号がヨーロッパ大陸からのお客様にどう影響しているかといったようなことをたずねてきました。中には、エドワード皇太子がパイプのタバコカートリッジ《訳注：パイプパックまたはセルフフィリングと呼ばれ、パイプのボウルサイズに合わせて紙詰めされたタバコ。八個入りや十二個入りなどの缶があった》について苦情をおっしゃったか、私たちが「プリンス」と命名することを許されたシェイプのパイプで今でもタバコを喫われているのか、といった質問もあります。そういった出来事や数字を、私は図に表さなければなりませんでした。ジョージ五世の即位二五周年のシルバー・ジュビリーやジョージ六世の戴冠式などの時には、インドの藩王たちが随行員たちを連れてものものしくデュークストリートへとお出ましになり、数千ポンド単位の注文をなさったと報告したのを覚えています。こうした華やかな服を来たお客様は、からくり仕掛けで開くシガレットボックスをいたく気に入りましたが、お買い上げに当たって、面白い出来事がいろいろと起こりました。こんな話をすると、バーティ叔父さんは面白がりましたが、私たちが受けた注文に心配気でもありました。今からお話しするような出来事を報告したら、私はきっと厳しく問いただされたことでしょう。

ある常連客のマハラジャ《訳注：ヒンドゥー教徒の藩王》が、十八金のからくり仕掛けのシガレットボックスを注文しました。マハラジャは皇太子に贈るつもりだったのですが、ビル・カーターに、開け方を秘密にするよう誓わせました。しかし、届けられるとすぐ、バッキンガム宮殿から侍従がやって来て勅命をもたらしました。一体どういうからくりなのか、殿下は答えをすぐに知りたがっているのです。半ば脅されたカーターは侍従に秘密を話し、その後マハラジャに謁見を願い出て懺悔しました。ホテルの豪華なスイートルームで、かしずくお供たちに囲まれた高貴なお客様は、審問会を開きました。カーターは、裏切りの申し開きをしなければならず、マハラジャの逆鱗に触れたかと思いきや、二、三秒後には寛大なほほえみに変わり、マハラジャは金のボックスを二つ（値段は各四百ポンドほど）、銀のボックスを二つ追加で注文してくれました。

これらの品物を次の週末にお届けすると、マハラジャ自身が開け方を忘れてしまったとのことで、開け方をお教えできる従業員が居合わせなかったため、休暇に出ようとしていたヴァーノンに白羽の矢が立って、ボックスを引き取ることになりました。ヴァーノンはボックスのことをろくに知りませんでしたが、ハイドパークのベンチに持っていって、からくりを熱心に調べ始めました。ヴァーノンにとってはこの手のパズルはお手の物ですから、すぐにホテルに戻り、答えをお知らせしました。するとマハラジャは十八金のボックスをさらに三つ注文する、ただし一つでも自力で開けられない場合に限る、というのです。この条件をついに満たすと、マハラジャはさらに金のボックスを二つ、銀のボックスを二つ注文してくれました。当時のインドのお客様とは、こうした取引はそれほど珍しいことではありませんでしたが、バーティ叔父さんは私たちがうまくやれるかどうかと大いに心配していました。自分が指揮していたらこんなことは起こらないだろうに、と叔父さんはきっぱり言ったものです。

叔父さんはビジネスにしか興味がないわけではなく、散歩や水泳から、切手や書斎の珍しい本まで、さまざまな方向に熱意を向けていました。今でも覚えているのは、当時の基準では「際どい」といえる淫らな挿絵がラブレーの本に描かれていて、叔父さんが戸棚からその本を取り出す時には、金縁の眼鏡の後ろに控える青く鋭い目がいつも輝いていたことです。こんな時の叔父さんの目つきはまるで父のようでしたが、そもそもこうした視線や細部への集中力は、父の兄弟全員に共通して見られる特性です。とはいえ兄弟の気質はだいぶ違っていて、私はバーティ叔父さんになら、会社のことや家の心配のこと、性のことなど、何でも話すことができましたし、それこそ何時間も二人で話し込んだものです。

叔父さんはこの頃五十歳くらいで、若い頃の気取った感じは消えて皇帝ひげをしっかり生やしており、一人前の男性らしいゆったりと自信たっぷりな雰囲気をさらに深めていました。父と同じように情事を重ねたのでしょうが、叔父さんはもう少し慎重でした。ヴァイオレット叔母さんとはもう別居していて、今は黒髪のかわいらしいイソベルという女性と住んでいました。イソベルも結核を患っていて、叔父さんとマンデスリー病院で出会ってメラーノに連れて来られたのですが、数年一緒に暮らして、この別荘で息を引き取りました。叔父さんはイソベルのことを心から愛していて、ちょっとでも離れる時には必ずプレゼントや花束を贈っていました。叔父さんは私の恋愛もとても気にかけていて、ジェフリーに会いたがっていました。二人はすぐに気が合ったので、私はうれしく思いました。

素晴らしい山景色を望むこの別荘は「ターナーシュロッセル」と呼ばれていました。城郭風でしたが、だだっ広い農家のようでもありました。家具は地味で、二、三人のメイドがはだしで木の床を歩き回り、階段を磨く時は足を雑巾で巻いていました。使っている部屋はストーブに丸木をくべて暖めていて、食事は簡素でしたが十分でした。土地のワインが豊富にあり、ベッドの脇に温めたジョッキを置いて寝酒にしていました。

朝はたいてい、松の森を散歩しに出かけました。バーティ叔父さんはこの頃は割と元気で、登山杖をついて大股で歩き、道中で子供たちに会った時のためにお菓子をポケットにしのばせていました。子供たちは、ヤギや牛を追い立てて山を下ってくることも、背の高いひげ面の叔父さんを橋のたもとで待っていることもありました。叔父さんはたどたどしいドイツ語で二言三言話し、子供たちを見かけるといつも喜びを惜しみなく露わにしました。それから私たちは野生の花や、かつてはオーストリア・チロルの一部だった魔法のような景色の中を勢いよく流れる小川を眺めて目の保養をしたあと、宿屋で牛の鈴がチリンチリンと鳴るのを聞きながら、これまでに味わった中でも最高のビールを飲み干したものです。そのうちに車が呼びにやられて私たちは家に戻り、ミートパイや地場のチーズ、自家製のパンであふれんばかりのテーブルについて昼食を摂りました。そして、太陽が山の頂の向こうに沈んでバーティ叔父さんが一日の仕事を終えると、私たちは丸太のたき火の前に坐って暖を取り、ワインをがぶ飲みしながら、夜更けまで「二十一」をやって遊んだものです。

一九三四年、ジェフリーが医師免許を取るとすぐに、私は彼と結婚しました。デボンやコンウォールでハネムーンを過ごし、二月なのにコートも着ないでビーチに坐っていたのを覚えています。初めての新居はフィンチリーロード二二〇番地で、ジェフリーは義父の

1930年代のバーティ叔父さん（上）と彼の家ターナーシュロッセル（下）

医院の共同経営者となりましたが、取り決めに従って私たちは支払いを始めなければなりませんでした。ちょうどヒトラーが民族浄化を始め、オズワルド・モズレー《訳注：イギリス・ファシスト同盟の指導者》の黒シャツ隊員が登場した頃で、ウィンストン・チャーチルが祖国はもう安全ではないと宣言し、チェンバレン首相も再軍備の話を始めていました。でも、新婚夫婦はたいていそうだと思いますが、私たちは新生活のことで頭がいっぱいで、戦争が差し迫っていることや、大勢の失業者がロンドン警察と衝突したジャロー十字軍行進のこと、あるいは暗雲立ちこめる中でアメリカが孤立政策に傾いたことなどを心配するどころではありませんでした。私は多くの時間をランカスターゲートで忙しく過ごし、ジェフリーは、家族ぐるみでやって来る患者さんたちに取り囲まれて診療に没頭していました。元々患者さんのために尽くすタイプの医師でしたから、生活のあらゆることにアドバイスをしていたのです。ジェフリーは自分の仕事を愛していましたし、私の仕事にも大いに関心がありました。こうして私たちの生活は新たな様相を帯びることとなりました。到底手に入るまいと思っていた結婚生活が、今や現実のものとなったのです。

もちろん、楽しい時間も過ごしました。ジェフリーは競馬が大好きで、よくサンダウンパークやアスコットに競馬を見に行きました。これも私にとっては新しい世界でした。またこの頃は、ゴーモン、リッツ、プラザ、ドミニオンといった映画館に皆が足しげく通っていた時代で、通りという通りに化粧室やティーラウンジ、ライブバンドを完備した映画

結婚式でのジェフリーと私、1934年

館があり、のちにはウーリッツァーオルガン《訳注：ウーリッツァー社製の劇場や映画館用のパイプオルガンの一種でシアターオルガンと呼ばれた》も備えるようになりました。テレビが多くの人を夜な夜な家に閉じ込めるようになるよりだいぶ前のことで、私たちは映画館に集ってはヒッチコックの最新作を見たり、あるいはゲイリー・クーパーやマレーネ・ディートリッヒ、エドワード・G・ロビンソン、グレイシー・フィールズといったスターや、当時の名子役シャーリー・テンプルに魅せられたりしたものです。二、三ポンド懐に余裕がある時は、ソーホーで食事をしてウェスト・エンドの劇場に行くこともありましたが、そんな時も、チケット売り場に私たちの名前を伝えておかなければならず、最後のカーテンコールが終わるまでジェフリーが緊急外来で家に呼び戻されないようにと願っていました。

翌年、長女のケイが生まれました。ジェフリーの誕生日と同じ日で、これまた良いタイミングで生まれたものです。私は突然仕事から離れておむつの世界に放り込まれましたが、どうもその方面には才能がありませんでした。しかしジェフリーは赤ちゃんを上手に扱い、ケイの世話も完璧でした。

11　第二次世界大戦の頃

次女のテッサは一九三八年一月に生まれましたが、その直後にヒトラーがオーストリアを併合し、チェコスロバキアにもいわゆる「瀬戸際政策」で侵攻をちらつかせて、これまでにない緊張が走りました。ここ数年、国際連盟に少しずつ亀裂が走り、ファシスト勢力が勃興してくるのを、私たちは見て見ぬふりをしていました。しかし間もなく家の玄関から細長い塹壕が見えるようになり、ガスマスクが配られました。ネビル・チェンバレン首相が何度もドイツに駆けつけて、「名誉ある平和」を達成しようと試み、ついにヒトラーの署名入りの紙を携えて戻ってきた時には、人々はストリートに出て歌い踊ったものです。しかしその安心もつかの間、ミュンヘン会談の後の国際政治の舞台には新たな宿命が待ち構えていました。

この頃兄のヴァーノンが突然亡くなり、私たち家族は暗い日々を送っていました。ジェフリーがヴァーノンの十二指腸潰瘍の治療をしていたのですが、病院嫌いのヴァーノンは、手術に同意しませんでした。ある日彼は地下鉄で出血し、病院に運ばれました。外科医は手の限りを尽くしましたが、一週間寝ずに苦しんだ後で、ヴァーノンは息を引き取りました。まだ四十二歳の若さです。ヴァーノンの奥さんと小さい三人の子供には大変な衝撃だったことでしょう。長男のリチャードは、最終的に私の後を継いでダンヒルの会長になりましたが、この時まだ十三歳でした。ヴァーノンの死は、ダンヒルにとっても計り知れない損失でした。技術責任者だったヴァーノンは、会社の歴史の中でも一番頭の切れる人だったと言っても過言ではありません。

末兄のジャックは、案の定と言うべきか、パリでメイジーに捨てられてニューヨークに赴き、D・Aの下で酒屋を経営していましたが、当時はロンドンに戻ってきて私たちとともに暮らしていました。アンドレーというフランス人のかわいい女性と一緒にいて、それから二十年間、二人はパートナーでした。いったん家の商売を離れたら、二度と戻ってくることは許さないとバーティ叔父さんはジャックに釘を刺していましたが、ジャックは再びこの家に戻ってきて、一文無しでも相変わらず明るく振る舞っていました。自分のお金はウォールストリートの大暴落で失い、アンドレーのお金もニューヨークでの贅沢三昧でほぼ使い果たしてしまっていたのです。でもジャックはいつも、グラスを片手に明け方近くまで起きていて、戦争が近づいていても私たちを元気づけようとしました。ついにジェフリーは我慢できなくなり、私たちは二人のためにアパートを探してやり、やがてジャックは化粧品業界の片隅で生計を立てるようになりました。ジャックによるとアンドレーは元の夫に捨てられたらしいのですが、のちにアンドレーは、その元夫と再婚しました。

宣戦が布告されて、ジェフリーが陸軍医療部隊に召集された時には、ケイが四歳半で、テッサは生後十八か月でした。軍服姿も見慣れないうちに夫は部隊に加わり、私たちは皆、壊滅的な空襲がやってくるのではないかと戦々恐々としていました。有毒ガスも撒かれるだろうと皆は思っていましたが、実際には一度も使用されませんでした。何万人もの人々が、愛していたものすべて、家や新しい生活や、たぶん子供までもが奪われてしまうのではないか、という身の毛もよだつような恐怖をきっと味わったはずですが、私は、子供たちをアメリカに疎開させないかという申し出を断りました。当時夫婦の年収は合わせて八百ポンドほどで、コックを一人雇っていたほか、電話に出たり、患者さんを待合室に案内したり、子供たちの世話をしてもらうためにアイルランド人の女の子を二人置いていました。今から見たらずいぶん贅沢な話に思えますが、それも長くは続きませんでした。

ジェフリーが配属された第三師団の工兵部隊は、間もなくイギリス海外派遣軍の一翼として、ドーセットからフランスへと派遣されました。ランカスターゲートとデュークストリートで日々忙しく働いており、戦争以外にもいろいろと考えることはありましたが、サイレンが鳴り叫ぶ中を一人寂しく家に帰り、恐怖に震える三人の女の子たちに出迎えられることもよくありました。砲撃が始まり爆弾が落ちてくると、娘たち二人も怯えて私の傍らにやって来ました。それから、灯火管制のチェックをして、郵便受けを見に行くのですが、新しい食糧配給制限や防空壕についてのお知らせばかりで、楽しいことは何もありません。気晴らしにラジオをつけてみたら、たいてい「ゼア・ウィル・オールウェイズ・ビー・アン・イングランド」や「僕たちはジークフリート線に洗濯物を干しに行く」のような国威発揚の歌が聞こえてきます。私たちの青春は突然終わりを告げてしまったかのようでした。

短いクリスマス休暇をともに過ごした後、ジェフリーとはしばらく会えない日々が続きました。ドイツ軍がフランスを制圧し、そして一九四〇年六月には悪夢のような日々がやってきました。臨時ニュースが矢継ぎ早に放送されて、イギリス海外派遣軍が壊滅寸前であると伝えたのです。しかし、その後奇跡的に、小船やトロール漁船や、曳航船や蒸気船、さらには自家用船舶までもが英仏海峡の機雷やドイツの戦闘機シュトゥーカの急降下爆撃をものともせずに進撃し、不可能にも思われたダンケルクからの撤退作戦をやり遂げたのです。ジェフリーは最終日に、負傷者を大勢乗せたボートに乗って出港しました。ひげも剃らずに疲れ果てていましたが、奇跡的にけが一つせずロンドンに戻り、パブにいる私を見つけたのです。私はちょうど昼に一杯やろうとパブに寄って、BBCニュースを聞いていたところでした。その日はもちろん、割当てをかなり超えてブランデーを開けました。

それから私たちは家に帰り、少し休もうと思ったのですが、ジェフリーは寝ながら転げ回り、いつまでも悪夢にうなされながら命令をつぶやいていました。「後ろに下がって！……担架が通るぞ！……気をつけて！……しゃがめ、しゃがめ！」夫の腕に抱かれて眠れる多くの幸運な妻たちは皆、同じような体験をしたと思いますが、ジェフリーがこんなにひどいトラウマを乗り越えられるのかしらと、私は不安に思いました。

第三師団がドーセットのブラッドフォード近くで再結成され、のちに「バトル・オブ・ブリテン」と呼ばれるドイツ空軍との勇敢な個人戦闘に戦闘機のパイロットたちが挑む頃、私たちは子供を連れて田舎に移り、ジェフリーの部隊がイギリスにいる間はなるべく近くにいられるようにしました。田舎暮らしは九か月間でしたが、戦争中に多少なりとも安らぎをもたらしてくれたのは、この決断だけです。子供たちと私は、初めサマセットの農場に滞在していました。それからブランドフォードに家具付きの小さい家を見つけたのですが、移り住んですぐ、ネズミが出没することに気づきました。羽目板の向こうに大工がいるような物音がするので、うんざりして羽目板を外してみると、小屋全体の隅や割れ目にネズミがわらわらと出入りしていたのです。料理は石油ストーブでしていたのですが、このストーブにはまるで意志が宿っているようで、少しでも背を向けようものならすぐに火が消えてしまいます。でも、別にそんなことは大きな問題ではありませんでした。晩に一時間でも二時間でも一緒に過ごせると思うだけで、ドイツ軍の侵攻が差し迫っているのを忘れることができたからです。なんと自己中心的で目先だけの人生になってしまったものでしょうか。

夫に会える時以外は、ドーセットの田舎では時間がゆっくり流れていました。子供たちは初めて牛や生まれたばかりの子牛や死んだ鳥を見ました。ジェフリーたちの食堂でも時々パーティーがあり、母国イギリスに待ち構えている混沌とした運命を意識から払いのけて、楽しい数時間を過ごしたものです。ウィンストン・チャーチルの演説が流れて来た時だけは、ジンを飲んだ酔っ払いであふれた大テントにも沈黙が走り、これから起こりうることに否応なく目を向けさせられました。チャーチルが朗々と演説を締めくくり、聞く者にアドレナリンを注射すると、私たちは「いいぞ、ウィニーじいさん」などと決まり文句をつぶやいて、ジンとおしゃべりに戻ったものです。

一番気になっていたのは子供たちのことです。ネズミのはびこる小屋ではいろいろとおかしなことがありましたが、子供たちは間もなく麻疹にかかってしまいました。初めはケイです。頬が赤く火照っているのに気づいたのは、ちょうど彼女の誕生日の夜で、私はその日ソールスベリーの競馬場で大勝してお祝いのケーキを買い、地名を消した停留所を通過していく戦時中のバスに乗って家に帰ってきたところでした。この時初めて、テッサに同じ発疹ができた時は、近くの開業医に注射をしてもらいました。テッサは父のような医者になりたいと言い出しました。のちにその夢を叶えたのですが、なぜかと聞くと、ちょうど今刺されたような注射針を隣の男の子のお尻に突き刺したいからだというのです。テッサはまだ三歳でした。

こんな生活も、一九四一年三月に終わりを告げました。第三師団が乗船のために待機を命じられたのです。南アフリカに向かい、そこからマダガスカル、ペルシアを回って、一九四三年にシチリア島に戻り、イタリアのアンツィオ上陸作戦に参加することになるとは誰も予想だにしませんでしたし、次にジェフリーに会えるのは三年後だと告げる人も、幸いにもいませんでした。

その間、ドイツ空軍がコヴェントリーを皮切りに、地方都市を破壊の標的に据え始めました。コヴェントリーでは、十時間連続で空襲を受けて五百人を超える人が亡くなりましたが、一方でロンドンへの爆撃も続きました。毎晩のように、ロンドンのどこかの地区が火の海となりました。ランカスターゲートの店舗が爆撃されたという電話を受けて、私は、のろのろ動く電車に飛び乗ってヴィクトリア駅に向かいました。家具や備品など、回収する価値のあるものを少しでも持ち出そうとしたのです。店番の少女たちが夜に店を出た後に空襲が来たのは不幸中の幸いでしたが、事業の継続は困難で、後に私は店を閉めることに決めました。がれきの山の上にあったシャンプーの札に描かれた女の子たちの顔が、この店についての最後の記憶です。

その後、四月十六日の夜に、二トンの爆弾が投下されて、デュークストリートのダンヒルの店舗の真正面にあるジャーミンストリートを破壊しました。店の陳列棚は粉々に砕け、天井の桁はねじれて、くすぶる木やがらくたで一杯でした。葉巻もシガレットケースも、パイプやライターも通りにばらまかれていました。消防士たちがホースで放水したため、商品はほとんどびしょ濡れで、壊れたガラスの山に埋もれていました。爆風で足下をすくわれて腕の骨が折れた人がいましたが、居合わせた人の中で重傷を負ったのはその一人だけです。それでも、翌朝店に駆けつけてみると、店舗は完全に崩壊していて戦慄が走りました。疲れ果てた消防士たちがまだ作業をしており、ダンヒルの従業員たちも水びたしの地下室から大事な帳簿を救い出そうと必死でした。野次馬が集まって見学し、新聞社のカメラが危なっかしい位置に陣取っています。そんな騒ぎの真ん中にアルフレッド・ヘンリーが通りに出したテーブルに坐り、半端な商品を底値で売り払っていました。アルフレッド・ヘンリーは私を見て視線を上げましたが、二人とも一言も発しませんでした。あまりの惨事に、言葉も出なかったのです。

ごみや悪臭に囲まれる中で回収作業が続くのを見ていると、救急隊員がつぶれた商品を拾い上げて見せてくれました。ボンドストリートのオフィスにファイルや大事な帳簿を運ぶために、ビル・カーターか誰かがロバの荷車を雇いました。すぐ手配できる唯一の交通手段だったためですが、別の従業員がもっと安い金額で別にロバを雇っていたため、無駄な出費になってしまいました。もっと深刻な問題もありました。給水本管が破裂してしまって消防隊員が水を使うことができず、地下室の方も水びたしの中にがれきが散らばって、ホースが入らなくなってしまったのです。そのため、昼前にそよ風が吹いてジャーミンストリートからさらに炎を運んで来ても、消防隊員にはなす術がありません。いぶられた梁や木摺りが落ちてきて、壁が見る間に脆くなり、回収作業をストップしなければなりませんでした。帳簿類や父の蔵書の多くは持ち出すことができましたが、博物館に置かれていた貴重なパイプやかぎタバコ入れ、骨董品などは永久に失われたのです。消防士たちがついに現場を離れると、私たちは近くのパブで悲しく飲み交わしました。一週間も経たないうちに二八番地で仮店舗がオープンしましたが、本店舗の修繕には四か月と五万ポンドを要しました。

アルフレッド・ヘンリー、机一つの仮店舗

　こんな騒ぎがあっても、母がピナクルズロッジに留まる気持ちは変わりませんでした。母は、オールド・バーンを売った後、父が母のために五、六年前に買い与えたスタンモアの小さな家に一人で住んでいました。戦闘部隊の駐屯地に

近いため、スタンモアは住むには危険な場所でしたが、私や子供たちと一緒に住むように言っても、母の決心は揺るぎませんでした。母は私の子供たちを溺愛していましたが、どうせ爆撃に遭うなら自分のベッドで死にたい、と言うのです。母は肥満のために心臓病を患い、それが原因で亡くなるのですが、その病気のことや、アルフレッド・ヘンリーが近くに住んでいたこともあり、私は母の考えを尊重してドーセットに戻りました。その後すぐ、私たちはイワーンミンスターにある別の家具付きコテージに移りました。今回は、以前私の店で働いていた従業員で小さな赤ん坊のいる女性も一緒です。彼女の夫も陸軍に召集されて海外に派遣されており、彼女とともに暮らすのは歓迎でしたが、苦しい時期でしたから、互いに慰め合う余裕もありませんでした。

このコテージのオーナーは、隣村のサットンウォルドロンで私立の小さな女学校を経営していました。この頃ケイは金髪で痩せた八歳の女の子で、友達がぜひとも必要でしたから、平日のみ寮生活をするウィークリー・ボーダーとしてこの学校に入学させることにしました。これは大成功で、ケイは頭の回転が速く、温かく社交的な性格でしたから、すぐに友達ができました。幼い頃から神経質で、空襲によって悪化していたのですが、それも少しずつ和らいでいきました。

テッサは五歳で、姉のケイより内気で反抗的でした。ケイとは違って髪も黒く、体つきもがっしりしています。体つきや気質はジェフリーの血を引いたようですが、ジェフリー

大空襲後のデュークストリート

（やケイ）には強く見られた親しみやすさが、テッサにはありませんでした。この頃から頭が良く、医学の道も有望に思われましたが、当面は近くの小学校に通わせていました。好き勝手にわがままを言って、ケイと比べると友達作りにも時間がかかりましたが、やがてドーセットのきつい訛りで話すようになりました。学校から帰って道ばたで友達と別れる時に、「お前の様子やどこに行って何をやったか、ママに言いつけるからな」などと啖呵を切っていたものです。不安になったり悪夢を見たりと言うので、テッサは私の部屋で眠らせていましたが、これは問題だったかもしれません。

時はゆっくり流れていきましたが、ロンドンで会った人たちが疲弊していたのに比べて大いに恵まれていたと思います。ロンドンではずっと、ドイツ軍による大空爆や、後に投下されたV1飛行爆弾の恐怖に苦しみ、暗く湿った防空壕で長い時間を過ごさなければなりませんでしたが、私たちにはまったく無縁でした。都会では食糧配給が厳しく制限されていましたが、ここではバターやクリームを生産する近所の農場で牛乳を入手できましたし、卵を多めにもらえるのはもちろん、たまには鶏肉やウサギを一、二羽手に入れることもできました。私たちにとっての戦争は退屈な時間が延々と続き、時おり強い恐怖が短時間訪れるようなものでした。やることもなく仕事もろくにない状況で延々と待ち続けるというのは、私にとってはひどく耐えがたいことでした。

ジェフリーの手紙はたいてい束になって届きました。その手紙を読み、また読み返しつつ、夫がどこにいるか見当をつけ、今何をやっているのか、夫が書くことを許された以上のことを読み取ろうとして、楽しいひと時を過ごしました。その後数週間は、検閲済みのニュース放送や、矢印の記された地図が書かれた新聞記事を通じてしか情報を得られませんでしたが、エル・アラメインの戦いを経て、連合軍が勝利を目前にしていることがやがて分かりました。母の住むピナクルズロッジへ訪れると心が痛みましたが、それでもうれしく思ったものです。母は静脈炎を患って次第に弱っていましたが、ガレージを勝手に掃除したといって私が怒ると、「やりたいことをやれないなら……」と抗議しました。亡くなる数か月前のことでした。

長女ケイ

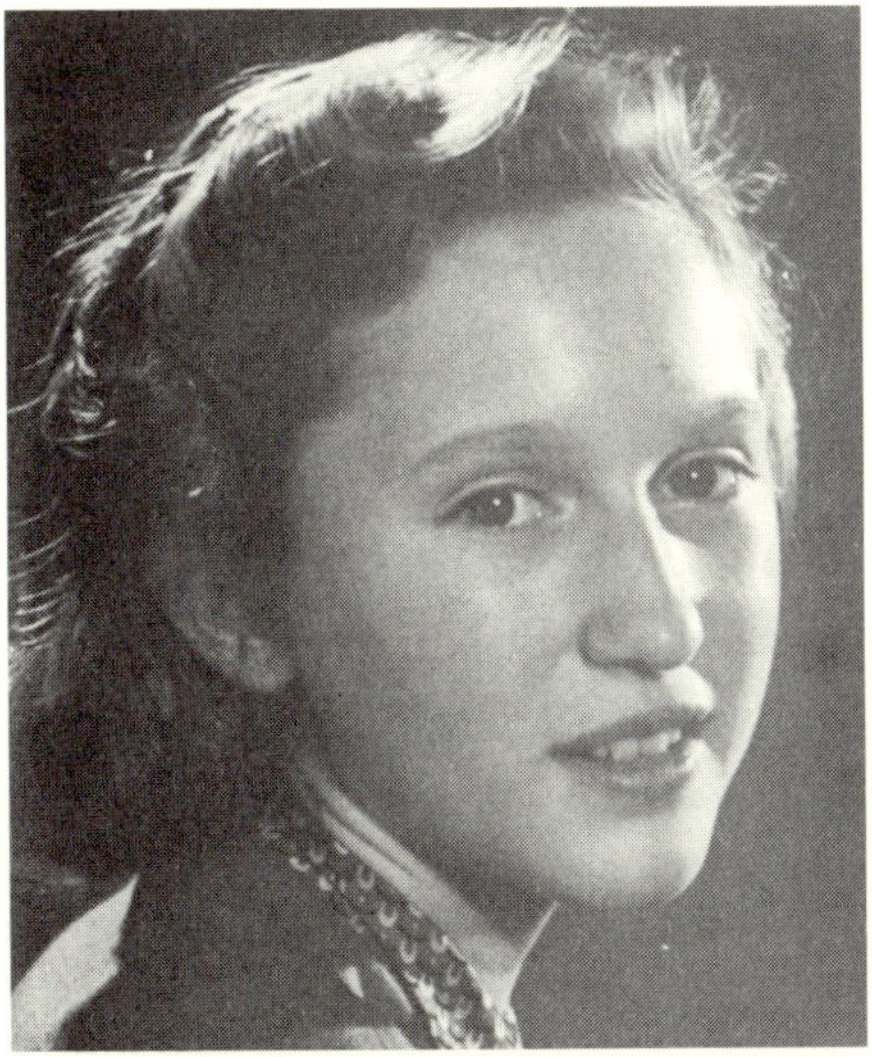

一九四四年には年俸五百ポンドで役員に任命され、工場の進捗報告を毎週バーティ叔父さんに送ることになったため、ロンドンによく行くようになりました。この頃には、ノッティングヒルゲートのパイプ工場に加えて、キャビネットとライターを製造する工場がそれぞれ同じ地区で操業していました。さらに、ボウルターニングの工場

がウォルサムストーにありました。製造部門の職人たちや、職人たちの戦時下の苦労に今一度つぶさに接することができるようになり、私はこの任務をうれしく思いました。また、バーティ叔父さんはダンヒルの名称を自らコントロールしたがっていたため、私の小さいながらも独立したランカスターゲートの事業を買収しようと言ってくれたのも喜びの種でした。後で説明しますが、この頃には化粧品の事業がアメリカで伸びつつあったのです。

ヨーロッパの戦争が終わる頃には、ジェフリーと私はずいぶん長く別々に暮らしていたので、うれしさがこみ上げてくる反面、父の顔をほとんど知らない子供たちがどう反応するか、心配もありました。数か月後に、私がおそれた通りの反応を示したのはテッサです。ケイが寄宿学校でちょうど学期を終えたところでしたので、私はテッサをロンドンに連れて帰り、末期の苦しみと戦う母の看護を手伝うことにしました。ジェフリーが帰ってくるのに備えてテッサをケイと同じ部屋に住まわせようとは、とても考えられませんでした。

ジェフリーは母が亡くなる数日前に戻ってきました。母を失った悲しみが癒えたわけではありませんが、国中がすぐにユニオンジャックの旗で埋め尽くされ、ベルが鳴ったり光があふれたりする中、私たちは欧州戦線勝利の日をさまざまに祝いました。ウィンストン・チャーチルが国民にラジオで話しかけました。戦争は終わったのです。本当に終わったと思えるまでには数日かかりました。その後ジェフリーは復員前にもう一度イタリアに戻らなければならず、テッサは姉と一緒に学校に戻りましたが、一学期か二学期か後に、

次女テッサ

ケイはイクーム・アビー・スクールに転校しました。

このところの一連の出来事に対するテッサの反応に気づいたのはこの頃です。ケイと離れてドーセットの学校に一人だけで通うようになった最初の学期には、テッサは顔中に吹き出物ができて今までになくみじめな顔つきになり、学校の教室にお化けが出るといつも訴えてきました。夜もお化けが出て、眠れないと言うのです。テッサはお化けの様子を鮮明に語り、話の内容に確信を持っているようでした。来る日も来る日もふさぎ込んだ様子だったので、ジェフリーはためらっていたものの、私たちはテッサを精神科医の所に連れていくことにしました。テッサは医者にも幽霊の話を繰り返しました。医者は、祖母が亡くなったことで気が動転しているのだろうと診断しました。

結局私たちは、テッサをサットンウォルドロンから連れ出し、ブッシーにあるセント・マーガレッツという学校に通学生として通わせることにしました。テッサは新しい学校にすぐになじみ、楽しくやっているようでした。幼心の苦しみは過ぎ去ったかのように見えましたが、テッサの心を本当に苦しめたのはジェフリーが帰ってきたことだと、私には分かっていました。後にテッサは、はるかに深刻な精神病に苦しみましたが、元をたどればこうした幼い頃の苦しみが原因なのかもしれません。戦時中の体験がもたらした、一番悲しい出来事でした。

12　バーティ叔父さんの死

平和が戻ってきて、私たちはノッティングヒルゲートの製造部門をロンドンのイーストエンドにあるプレイストーの新工場に移すことになりました。これは経営陣の大勝利だったといえます。労働環境は大いに良くなるものの、ほぼ全職員が引っ越す羽目になったのですが、ベテランの職人が数人、社を去っただけで乗り切ったからです。しかし私たちの事業は、ご多分に漏れずさまざまな問題や物資不足に苦しみました。税金が上がってタバコ産業全体が停滞し、主力商品のコストが大幅に上がってしまいました。宝飾品に使う金が入手しづらくなり、紙も配給制だったのでカタログやパンフレットも作らずにビジネスをしなければなりませんでした。キューバ産の葉巻などははるか昔の話です。ブライヤーの供給も不足したため、いわゆる「闇商人」が厚い札束をはたいて買い占めないように、常連のお客様だけにパイプをお売りするようになりました。戦後の復興工事のために一時しのぎの薄暗いオフィスで仕事をしていましたが、停電も多く、そのたびにコートを着て坐る羽目になりました。「実用」が全国的な流行語になり、私たちのような事業では、品質を維持するのに大変な思いをしたものです。

しかし、アルフレッド・ヘンリーが一九四八年の会長声明で指摘したように、ロンドンのアルフレッド・ダンヒル社は設立以来、借入金も当座借入もなく、増資も行わず、定期的に優先配当を行い、内部留保金を二五万ポンド以上蓄積し、普通株への配当も年平均で十六・五パーセントを超えていました。ほとんどの従業員がお互いに名前を知っているような小さな家業にしては、財政状態は決して悪くありません。多くの従業員は兵役から帰ってきていましたが、大部分は勤続二十年以上のベテランです。しかし新しい工場ができても、さまざまな拡張や改善を実施するために、さらなる投資がすぐにでも必要でした。しかしバーティ叔父さんは今でもモンテカルロの別荘から事業をコントロールしており、ロンドンの厳しい状況に昼夜取り組む私たちの考えを簡単には認めてくれませんでした。

これも無理はありません。パートナーのイソベルは戦争が始まる一、二年前にメラーノで亡くなっていて、バーティ叔父さんは魅力的なウィーンの女性と暮らしていました。ここでは「ズィー」と呼んでおくことにしますが、彼女に瞬く間に説得された叔父さんは、人里離れたターナーシュロッセルを離れてモンテカルロで華やかな生活を送り始めていました。戦争が始まると二人は、似たような状況にある多くのイギリス人たちに交じって、リスボンから船でヨーロッパ大陸を脱出し、ニューヨークでD・Aのもてなしを受けたあと、カナダに移りました。しかしカナダでは税金があまりに高く、バーティ叔父さんの戦時中の収入と同額ぐらいになってしまうというので、二人は日光がさんさんと降り注ぐバハマのナッソーに移ります。叔父さんの健康状態に照らすと悪くない場所です。しかし叔父さんの手紙には、第一次大戦の空襲時のようにオフィスや工場の操業を停止する必要はもうないだろうに、と書いてあり、戦時中のイギリスの実態をまったく把握していないことが次第に明らかになりました。モンテカルロに戻ってからも、叔父さんの頭脳が明晰になった様子はありません。

そこで戦後間もなく、飛行機に乗って二人の帰還を祝うディナーに出席できるチャンスが来たのを私はうれしく思いました。ディナーはカジノの中にある豪華な装飾の施された部屋を借り切って行われました。ゲストは全員正装でイブニングドレスを着用し、珍しい食べ物が惜しみなく振る舞われましたが、戦時中の食糧配給で私の胃袋は小さくなっており、ラムのカツレツを半分食べたところで限界になりました。翌日バーティ叔父さんは、イギリスでの倹約生活や、事業が直面する課題について私が話をするのを気の毒そうに聞いていました。日焼けした叔父さんは、私に会えてとてもうれしそうでしたが、叔父さんに会社の財布のひもを緩めさせるのは私の力量では無理であることが、すぐに分かりました。今は慎重に進むべき時だと叔父さんは私に言い、私は、残念な知らせとともにアルフレッド・ヘンリーの下へと戻りました。

　ジェフリーの話に移ると、最近ジェフリーの父が亡くなっていたのですが、新しい国民健康保険制度の下で開業するのに不安を覚えていました。フィンチレーロードにある家が空襲で住めなくなり、私たち一家は母が遺してくれたピナクルズロッジの家に暮らしていました。ジェフリーは北テムズ・ガス委員会の医師の職に応募したのですが、戦時中フランスでお仕えしていたモントゴメリー陸軍元帥からの感謝状が役に立ったのか、ともあれ彼は職を得ました。また、なぜだかは分かりませんが、ジェフリーは大英帝国勲章を授与されました。これもたぶん、同じ理由なのでしょう。ともあれ、私たち夫婦は再会を祝して、シュルツ家の招待に応じてニューヨークに行くことにしました。

「実用」がはびこるイギリスの世界と今回の旅行はなんと違ったことでしょうか。ホテル「ザ・ピエール」の豪華なスイートルームに滞在した私たちには、車や劇場の切符や、欲しいものを何でも注文するよう促すメッセージが次々と届けられます。数日の間、ニューヨークは私たちの遊び場になりました。ある時、ボーイが花束を持ってきて、「クラーク・ゲーブルさんからのお届け物です」と言いました。その後、ゲーブルやダグラス・フェアバンクス・ジュニア、その他ハリウッドのセレブ数人がこのホテルに住んでいることが分かり、ボーイが部屋を間違えたのは明らかでしたが、数分間皆で大騒ぎしたこの出来事を通じて、アメリカの桃源郷を垣間見た気がしました。シュルツ家の農場のジャージ牛すら、今まで見たことがないほど大きく美しい気がしたものです。バラ色の未来を垣間見ましたが、イギリスに戻るなり現実を見せつけられました。

トム叔父さんはもう亡くなっていました。子供時代にクリスマスパーティーで初めて会った時からずっと男やもめの暮らしで、三人の子供を育てながら音楽家として精力的に活躍し続けました。作曲したり、審査をしたり、試験をしたり、教えたり、本を書いたりと叔父さん自身が説明してくれたのを覚えています。アラン・パトリック・ハーバートの台本で、田舎のイングランド中部諸州の貴族たちとチェルシーに住む芸術家気取りのボヘミアンたちの諍いを楽しく描いたオペレッタ「タンティヴィー・タワーズ」が三〇年代初頭にロンドンで六か月間上演されて成功を収めたあと、トム叔父さんは劇場音楽やバレエ音楽、オペラを数多く作曲しました。叔父さんは再婚後四年経って、六十九歳の時にスカンソープで亡くなりました。ジェフリーとアルフレッド・ヘンリーとともに私は葬儀に参列しました。三月のある寒い日のことで、雪が墓地の十字架を飾っていました。家に帰る最終列車に乗り損ねて、私たちは凍るような月の下をエッジウェアから歩いて帰らなければならなかったのですが、ある批評家が、「イギリス的であり、サウスダウンズの夏の日を思わせるようだ」と評した室内楽を作曲した音楽家を偲ぶには似つかわしくない情景でした。トム叔父さんの才能は、商魂たくましい兄弟たちとはかけ離れていましたが、生涯を通じて、兄弟たちとはとても良い関係を保っていました。

私は相変わらず連絡係として、バーティ叔父さんと仕事の話をするためにモンテカルロを訪問していました。私が持ち出した提案の多くを叔父さんは却下しましたが、オフィスや工場での日々とは打って変わって楽しいひと時でした。ジェフリーと子供たちも私と一緒に二度ほどモンテカルロを訪れて、港を見下ろす素晴らしい別荘に滞在しました。テラスの天蓋がブドウやブーゲンビリアに覆われていたのを覚えています。

朝はたいてい、坐って日光浴をしたり、泳いだり、長い黒髪をなびかせたテッサが天板を見つけてはおしとやかに飛び降りたりするのを眺めたりして過ごしました。バーティ叔父さんはテッサの名付け親で、テッサは叔父さんのことが大好きでしたし、叔父さんもテッサに会えて大いに喜んでいました。夜になると、私たちの持ち金はもちろん、バーティ叔父さんが厳しく制限した掛け金が尽きるまでルーレットを楽しみました。午後は会社の書類をチェックするのが常で、私が表にまとめておいたあらゆる出来事や人員配置などについて、バーティ叔父さんはすべてを把握するまで厳しく追及しました。叔父さんは、弁護士とともに作成している遺書について話をすることもありましたが、叔父さんのことが大好きで、彼が死ぬなどとは本気で考えたくはなかったので、私はこの話を軽く受け流していました。一度、財務についての不満をいつもより強く訴えた時、叔父さんは静かに、

「心配するな。もうすぐお前たちの思い通りになるから」と言いました。

私たちを迎えてくれる時には叔父さんはひたすら気前が良かったのですが、突然けちな

ことを言い出す時がありました。たぶん、バーティ叔父さんや父が若い頃に自分に叩き込んだ倹約の精神をズィーに教えるためだったのでしょう。例えば、子供たちが好きなオレンジジュースのために一フラン余分に払うよりも、シトロネード《訳注：フランス家庭で作られるレモネード》を飲むように言い聞かせることが何度かありました。お菓子が配給制だった時代に、二ポンド払ってプレゼント用のチョコレートを家に持ち帰ったと聞いて、叔父さんがひどく驚いたこともありました。タクシーの運賃を払う代わりにバスに乗ろうとして雨の中を待っていたため、一九五〇年に叔父さんの健康が急に悪化したのだと私は信じています。

　叔父さんが出血すると、私たちは、当時ガイズ病院の院長でジェフリーの友人だったボーランド博士を説得して叔父さんの所まで来てもらいました。床に臥せりがちで最期の時をただ待っている様子だった叔父さんは、起き上がってウィスキーを飲むように促されましたが、その後一年も経たないうちに亡くなりました。叔父さんはまだ所有していたターナーシュロッセルを訪れた後、一九五一年にミラノで亡くなり、ターナーシュロッセルに埋葬されました。ズィーは真夜中に叔父さんの死を電話で知らせてきて、叔父さんのひげのかけらが入ったロケットを形見に欲しいかとたずねてきました。

　事務弁護士《ソリシター》たちがバーティ叔父さんの遺書や財産信託の取り決めについて説明を始めると、「心配するな。もうすぐお前たちの思い通りになるから」という言葉が蘇ってきました。一つには相続税を最小限にするためでしたが、これをしのぐ複雑な取り決めは、前にも後にも滅多に見たことはありません。叔父さんは会社のことを慎重に考えすぎているとよく思っていたのですが、それも私たち一家が事業を完全にコントロールするための方策だったことに、その時初めて気づいたのです。遺言については、ズィーのための遺産や引当金は別にして、叔父さんの資産を運用する信託基金を結成し、その収入を主に妻のヴァイオレット叔母さんや、いとこや甥や姪、そしてダンヒルで働いている子供たちの間で分配する取り決めになっていました。アルフレッド・ヘンリーと私が管財人に任命されましたが、バーティ叔父さんはダンヒル社の大株主でしたから、私たちが叔父さんの投票権を行使し、これからの発展に向けて会社の財政を支配できることになりました。他の役員たちにとってはかなりのショックだったと思います。

さらに、会社がバーティ叔父さんに掛けていた生命保険の受取金は、待望の年金基金設立や、同じぐらい重要なデュークストリートの建築プロジェクトのためにすぐ使われました。この時総務部長になっていたジョン・バレットには先見の明があり、政府保有地のリース権を購入するとともに、私たちの店舗に隣接する敷地を拡張に備えて確保していたのです。

十二年ほど後にヴァイオレット叔母さんが亡くなると、信託財産は取り決め通りすべて再編されて、かなりの部分が医学の研究のために用いられることとなりましたが、アルフレッド・ヘンリーと私はついに役員会を説得し、事業のさらなる発展のために、長く延び延びになっていた計画を実施できる立場に就いたのです。

こうしたプロジェクトの実現に向けて苦しんでいる最中の一九五三年、ジェフリーと私はイタリアのサンレーモに休暇に出かけました。子供たちは二人ともワイクーム・アビー・スクールに通学していましたが、この頃にはケイは学校を卒業して、デュークストリートで事務員として働いていました。ちょうどケイが友達に会いにアメリカに行っていたので、ジェフリーとテッサ、そして私の三人で行くことになり、太陽の下で数週間休暇を楽しみました。しかし家に戻る日に、ジェフリーは突然気分が悪いと訴えだしました。何とか彼を飛行機の座席に乗せたのですが、担架に乗せられて飛行機を降り、ガイズ病院に連れていかれました。ボーランド博士は末期がんと診断し、ジェフリーの寿命はもって数週間だと私に宣告しました。ジェフリーはその時点から大量の鎮痛剤を打たれたので、その後彼とはまともに話もできませんでした。その後、数日間昼も夜も夫の下を訪れた私は、特定の宗教を信じない不可知論者ではありましたが、夫の安らかな死を祈らずにはいられませんでした。

永遠にも思われた五週間の闘病生活の後、ジェフリーは四十四歳でこの世を去りました。悲しみと極度の疲労で憔悴した私が地下鉄に乗って家に向かうと、たまたま隣の席に白い杖を持った目の見えない人が坐り、乗り過ごさないかと心配していました。私はその方を手助けし、大変ですねといったようなことをつぶやきました。彼は私のことなど何も知らなかったはずですが、感謝の言葉とともに、「それでも、目が見えないより悪いことがあるものです」と言いました。

13　経営の刷新

ガイズ病院に入院した時には、ジェフリーは自分の身に何が起こっているかよく分かっていましたので、彼がおそろしい死の苦しみをもう味わう必要がないことに、私はなんとも言えない安堵の気持ちを覚えました。それでも、死別という体験は状況により、またその人との関係性により異なるもので、私はこれ以上ないほど落ち込みました。私はかなり自立した人間であると自覚していますが、この時ばかりはどうしようもありません。戦争により新婚生活が台無しになり、その後も七年間しか一緒に過ごせないなんて、あまりに不公平ではないでしょうか。これほど親切で寛大だった人の人生が、中年に差し掛かったばかりで突然終わってしまうのも、実にひどいことだと思います。ご存じの通り、がんは容赦なく人を襲う病気ですが、自分の大切な人が奪われるまでは、その理不尽な暴力には気づかないものです。私の場合もそうでした。ついに閉所恐怖症になり、世界のあらゆる人がはるか彼方にいるように感じられたのを覚えています。自宅のベッドにいても、おそろしいほどからっぽです。子供たちは突如父を失うことになりました。一緒に味わったいろいろな楽しみも失われてしまいました。でも徐々に、すべてが失われたとも限らないと悟るようになりました。

私はジェフリーを心から愛していましたし、ジェフリーも私のことを本当に愛してくれていました。何があってもその事実は変わりません。ですから、私はキリスト教を信仰しているわけではありませんが、死が私たちの絆を完全に断ってしまうわけではないと悟るようになりました。二人のパートナーシップはそれぞれの人格とは別の個性を獲得して、二人の力をただ合わせただけよりも大きな力をもたらしてくれるのです。こうした体験が私たちの深層意識に入りこみ、亡くなったパートナーがずっと心の中で生き続けてとても良い影響を与えてくれることに、私は気づくようになりました。だから、一緒に暮らした日々の物理的な面を追い求めるうちは悲しみや孤独に苛まれたものですが、少しずつ、ともに過ごした素晴らしい歳月を感謝するようになりました。このプロセスで、ケイには大いに助けられました。まだ十八歳でしたが、急に驚くほど成長して、察しが良くなったように思えたものです。こうした調整の期間は四、五年続いたでしょうか。時は偉大な癒し手であるとはよく言われますが、まったくその通りだと思います。

私にとっては、ダンヒルの事業や、ダンヒルに関わるすべての人たちの方が、プライベートな不幸よりもはるかに重要でした。そこでジェフリーの死をきっかけにして、私はもっと仕事に精力を注ぐようになりましたし、仕事が私の鎮痛剤ともなったのです。特に気を紛らわすきっかけになったのは、役職への任命や昇進、従業員の病気やさまざまな「気の毒な」状況への対処など、さまざまな人事に携わるようになったことです。この時点では人事業務を特別に扱う部門がなかったため、私のオフィスのドアはいつでも開いていて、いつでも話す準備ができていると幹部たちに伝えていました。ですから私は、工場への訪問に加えて、他の人の問題についても考えなければならなかったのです。それに、アルフレッド・ヘンリーは当時も会長でしたが、バーティ叔父さんが亡くなって以来、事実上最高経営責任者も兼務するようになっていました。アルフレッド・ヘンリーと私は密接な関係にあったため、私はよく意見を求められるようになりました。二人の意見がいつも一致したわけではありません。兄と妹ですからいつも近い関係にあったわけですが、兄が七〇年代初めに亡くなるまで、激しく対立することもよくありました。たぶん、兄の男性特有のものの見方に私がバランスを取ろうとしたからでしょう。

早期退職を促された幹部従業員への対処が、唯一の女性役員であった私の役割となりました。こうした仲間は、変化するビジネス環境に適応することができず、部下の支持を得られなくなっていました。しかし多くは創業期に大変な功労のあった人たちですから、そういった昔の功績が評価されていないと少しでも感じると、プライドがたちまち頭をもたげてきます。当時はまだ小さく家族的な雰囲気の会社で、互いに協力し合うチームワークが何よりも大切でしたから、なんともやりにくく、私のスキルでは手に負えない仕事でした。老齢年金を危うくしたり、ややこしい法律問題に足を踏み込んだりする代わりに、早期退職年金と付加金を受け入れるよう従業員に説得するのは、本人にとって最終的にどれほど有利であったとしても簡単ではありません。この種の話し合いでは、ごまかしはすぐに見抜かれてしまいます。人生の大部分を捧げてきた会社における同僚との立ち位置は、男性にとってはとても敏感な問題なのです。

最初の任務は、ある役員の肩たたきでした。事業の製造部門の立ち上げに大いに貢献し、バーティ叔父さんの信任も厚かったため、残りの役員が望んでいた変化に反対するようになったのです。私も叔父さんの信任を得ていたことを彼は知っていましたし、たぶん創業者の娘だったことも手伝って、この人は私が役員になることを公然と反対していました。そこで、もう後進に道を譲る時だと話をした時には、最終的には説得に成功したものの、私が復讐心からそう言っているのではないかと彼は初め強く疑っていました。似たような状況で、とても献身的だった役員ですが、これ以上やっても面子を失うだけ、という状況になっており、一時的に病気になったのを機に引退したらどうかと説得したことがありました。結局彼は勧告を受け入れましたが、この話し合いも決して容易ではありませんでした。

こういったことを客観的に見ると、非情で家父長的なやり方に思えるかもしれません。しかし、経営チームの調和が取れて、協力の雰囲気にあふれていることが、会社が今後も繁栄するために不可欠であり、自分のことだけを考える人が頑なな態度を取って和を乱すのを許すわけにはいかないのです。これは、経営においてよく生じる問題です。現代の経営トレーニングプログラムを学べば、役員たちのこうした心理的な問題に対する専門的なアプローチを習得できるのかもしれませんが、私の初歩的な体験にここで触れたのは、多くの女性にはこうした問題をうまく処理する本能が備わっており、責任ある地位に就いている多くの男性よりもこの手の問題については有能であると信じているからです。こうしたことを男性同士で行うと、敵対意識がむき出しになり、不信感を募らせて争いになることがよくあります。対等の地位にある女性が率直に、誠実に話をして、この人は自分に恥をかかせるつもりではないと本能的に察知すれば、男性はその話を受け入れるものだと私は考えています。

当時は、アメリカでの経営状況が悪化していったのも課題でした。D・Aが一九四九年に亡くなると、息子のアーサーとデービットは他の事業や多額の遺産で手いっぱいになり、父から受け継いだダンヒル・インターナショナル社の過半数の株式を売却することにしたのです。これは無理からぬことでしたが、ダンヒル・インターナショナル社の上級幹部がこれらの株式を投機目的でシュルツ家から買い受けていたペンシルバニアの投資家集団に接近したと知って、ロンドンの私たちは狼狽しました。彼らの主な事業活動は不動産の販売で、その収益を元手に、資本収益率が高いと判断した企業を買収していました。そして、ニューヨークにおけるダンヒルの事業が他の利害と相いれないことが分かるとすぐに、この怪しげな金融業者はアメリカの同僚たちを抱き込みました。D・Aがアメリカで築き上げたダンヒルの名声が早晩危険にさらされる可能性があることに私たちは気づいたのです。

六〇年代の初めに、この投資家集団が多様な利害関係を一つにまとめて、ついには持株会社であったダンヒル・インターナショナルをスポーツ用品や哺乳びん、本などさまざまな商品を販売するほかの企業群と合併したと言えば、私たちの懸念が十分な

アーサー・シュルツと

根拠に基づいていることをご理解いただけるでしょう。『ニューヨーク・ヘラルド・トリビューン』紙は、「ダンヒルの製品はテニスボールや野球のボールから、哺乳びん、本、パイプまで」と題する記事を書き、驚きを露わにしました。またこの頃には、ダンヒル・インターナショナルは自称投資会社となり、こうした多様な事業が連結財務諸表に記されるようになりましたが、その混乱ぶりは、年次報告書の表紙にイラストで示されています。パイプやライター、タバコの缶、哺乳びん、おとぎ話の本までが描かれているのです。これによって会社の資産は四倍に増加したのですが、収益も同じぐらい減少しました。その一方で、アルフレッド・ダンヒル・オブ・ロンドンは、販売会社としてさまざまな分野で質の悪い商品を販売し続けていました。ダンヒルは投資市場においてほぼ名ばかりの存在に堕しつつあるということを、私たちは大いに懸念していました。

当時はまだここまでの状況にはなっていませんでしたが、私たちが把握していたこうした危機や、やはり危険視していた値下げや品質低下の提案、あるいは大量生産によりアメリカでダンヒルのパイプの人気をさらに高めようとする提案について、アルフレッド・ダンヒル・オブ・ロンドンの昔の同僚を説得するために、一九五四年以来、私は何度かニューヨークに赴くことになりました。ロンドンの私たちは、ニューヨークの販売会社との間に売買契約を交わしたのみで、アメリカでの事業運営について直接財務的な統制を及ぼすことができなかったため、これは容易な任務ではありませんでした。

どうして他の役員たちは、こうした微妙な案件を唯一の女性役員である私に託したのでしょうか。後に、もっと厄介な話し合いの準備をする中で、私はよく自問自答しました。たぶん理由は三つあります。まず、私がニューヨークの状況を、他の誰よりもダンヒル的な視点で見ることができるようになっていたことがあります。二番目はすでに早期退職の話で触れた通り、このような状況では男性が攻撃的なアプローチを取るより、女性が担当することによって禍根を残さないのではないかという思惑があったのでしょう。実際、ロンドンの役員の中には、アメリカでの展開がロンドンでのアメリカ人観光客相手のビジネスを損ないかねないと言って激昂していた人が一、二名いました。私が愛嬌を振りまくことで、アメリカの頑なビジネスマンたちも私の言いなりになるだろうと彼らは考えたのでしょう。

三番目の最も有力な理由は、たまたま私の手柄になった偶然の産物です。私の側ではたいした努力もしていなかったのですが、ランカスターゲート時代に売り出した化粧品や美容製品が、アメリカではニューヨークの会社を通じてロイヤルティ・ベースで製造販売されており、驚くほどの大成功を収めていたのです。メアリー・ダンヒルの商品は当時独立した販売部門で扱われており、アメリカのほぼあらゆる一流デパートで販売されていました。さらに、メアリー・ダンヒルの成功を見て、ダンヒルは素敵に包装した男性用高級化粧品を売り出すようになりました。アフターシェーブ・ローションやオーデコロン、デオドラント化粧品などで、これによりニューヨークの会社は驚異的な売上を記録しました。この種の商品がヨーロッパで販売されてそれなりの成功を収めるよりも、はるか前のことです。私個人としては、こうしたことは単なる過去の出来事に過ぎなかったのですが、当時私の名前にはちょっとしたカリスマ性があり、投資家たちに多少影響するかもしれないという判断があったのでしょう。

そこで私はペンシルバニアに赴き、ディナーの席でスピーチを行い、いろいろなオフィスで会議に幾度となく出席しなければなりませんでした。ニューヨークの会社で働く人たちの多くは私のことをよく知っていましたが、投資家たちには直接会って話さなければなりませんでした。彼らは「ダンヒルのラベルを付ければどんな商品でも反響が良い。素晴らしいことではないか」と言いました。これに対して私は、最近売り出された一部のライターのような質の悪い製品を売り出し続けるのであれば、やがては評判を損ない、欧米での事業全体が崩壊する可能性があると指摘しました。成長しつつあった卸売や輸出の市場が失われるのは言うまでもありません。投資家たちの多くは、デパートの運営や、事業の基礎となる利益や売上高を確保することに関心が向いていましたが、私は、父の成功は製品の品質と良質のサービスに拠るものであると説明したのです。だからこそ、創業以来商品の幅が広がっても、私たちは職人の仕事を守ろうとしてきたのです。ダンヒルの名前には職人の魂が宿っています。短期的には利益が上がったとしても、陳腐な商品にダンヒルのロゴを付けることはできません。会社が発展途上にあるこの段階で、どうして方針を変えなければならないのでしょうか。私たちとは相いれない利害やアプローチを持つ人たちとの話し合いは延々と続きましたが、彼らも矢継ぎ早に答えてきた、と言うだけに留めておきましょう。「品質」は、特にアメリカの市場では、多くの意味を持つ言葉なのです。

結局、先に述べた合併を防ぐ試みは完全に失敗し、その後数年間で合併は実現してしまいました。六〇年代末に私たちが再びアメリカの会社を支配するようになるまでは、アメリカでのダンヒルの業績はロンドンのようには伸びませんでしたが、少なくとも頭の固いアメリカの投資家たちに、ダンヒルのパイプは入念な手仕事で作られており、アメリカだろうとどこだろうと、大量生産はできないと説得することには成功したと思います。

五〇年代末には、他の分野でもっと心強い展開がみられました。デュークストリートではアルフレッド・ヘンリーが五、六年前から会社経営の刷新を行っており、前に述べたような経営陣の入れ替えにも着手していました。卸売も小売も拡大していました。一九五七年には、世界中の関係者や友人を招いて創業五十周年を祝いましたが、行政や建築士、施工業者と数年間大騒ぎをした結果、この五十年間における前進のシンボルとして、まばゆいばかりのショールームがデュークストリートの本店に完成しました。この頃には、小さいけれどもとても重要な製品であるダンヒル「ローラガス・ライター」をフランスのダンヒル社がスイスの提携会社との協力で開発し、ローラガスはオイルライターに取って代わり、これまで発売したダンヒルの商品の中でも一番のヒット作となりました。高級品に分類されるダンヒルのガスライターは、特に極東で目覚ましい売れ行きを見せました。日本では、一九五九年に貿易制限が撤廃されるとすぐに、最初の商品がイギリスを出発しました。それ以来ずっと、日本はダンヒルに最大の利益をもたらす市場となっています。

一九五八年の夏、私は再びアメリカを訪れました。今回はアルフレッド・ヘンリーも一緒で、アメリカのダンヒル社がシカゴに新店をオープンするのを応援するための出張でした。すでに述べた通り、アメリカの同僚たちとの協議は物別れに終わっていました。私たちは意気消沈して、霧のヒースロー空港へ戻りました。到着ラウンジで私を待っていたのはレックス・レーンです。四十年前、クローマーで家族ぐるみの楽しい夏休みを何日も一緒に過ごしたあの少年ですが、今や身なりのいい五十代の紳士になっていました。先に述べた通り、レーン一家とは長く家族ぐるみの付き合いをしており、私はずっとレックスのことを気に入っていました。物静かで思いやりのある男性で、彼の父が営む調査会社で辣腕を振るっていましたが、ずっと独身でした。

レックスと私は、前の年ぐらいから結婚の話をしていました。ジェフリーの死からついに立ち直ったせいでしょうか、私は慎重ながらも結婚に向けて前向きになっていました。最初の結婚とはまったく違う関係でしたが、子供時代に抱いていた好意が今まで続いたばかりか、むしろ成熟して、大人になった私たちはお互いを信頼するようになりました。それでも、レックスは感情的に脆いと感じることもあり、二人とも十分考える時間が必要でしたが、中年になった私たちは、互いが望む関係を築くことが十分にできると確信できたのです。

時差ぼけに苦しんでいたかどうかは思い出せませんが、その晩レックスと私はともにディナーを楽しみ、ダンスをして、夜更けまで話しました。ケイのことも話したはずです。ケイは四年前に若い優秀な実業家と結婚したのですが、私は彼女のことが心配でした。テッサの話は、もっと楽しくできたと思います。ジェフリーが亡くなった後、一途に医者へのキャリアを歩み、当時はガイズ病院で研修を受けているところで、医学士の試験にも優秀な成績で合格しようとしていました。最後に私たちは自分たちの話をしました。この時には、私の心は決まっていました。

間もなく私たちは結婚しました。レックスがパートナーになったことは、ここ二十年の私の人生で一番実りある、そして勇気づけてくれる出来事でした。

レックスと、1959年

14　会長職就任

一九六一年に私はダンヒル社の会長となりましたが、この時は複雑な心境でした。勤続三十八年になり、仲間たちが私に会長になってもらいたいと思っていることは喜ばしいことですが、もう五十五歳になり、レックスとの結婚生活も三年が経過し、サセックスの海辺に長年の夢だった家を購入したこともあって、数年後に引退したいと考えていたのも事実です。なぜ会長職を引き受けて、その後十四年も務めることになったのでしょうか。

まず、会社の社風を守るためには、創業者の一員が会長職に就くことが不可欠であるという点で、一同が合意したのでしょう。三十三年間会長を務めたアルフレッド・ヘンリーが続投する選択肢もありましたが、のちに説明する通り、彼には年齢や長い勤続年数のほかにも、引退を望む理由がありました。甥のリチャードは一九七五年に私が引退した後に会長となりましたが、当時はまだ入社して十二年しか経っていませんでした。リチャードの能力は疑うべくもありませんでしたが、新しく迎えられた役員たちの才能を活かすには、もっと背景知識を蓄える必要があると判断されたのです。そこで、さまざまな人たちの見解を統合して新しい方針を決定するのは、女性にふさわしい仕事かもしれないと、仲間たちは考えたのでしょう。しかし、海外での事業が成長し続けると、私は自分の能力に疑問を抱き始めていました。国際的なレベルでの交渉が続く仕事をするのに自分がふさわしい人間なのか、ためらいがあったのです。

現状を考えるうちに、少しずつこの任務を受け入れて、歓迎すらするようになりました。それには多くの理由があります。父は母の死後にヴェラと結婚し、終生ともに暮らしましたが、二年前に八十七歳で亡くなっていました。兄のジャックも長くダンヒルから離れていましたが、最近ちょっとした自動車事故を起こした後にやはり亡くなっていました。家族たちはおそろしい早さで亡くなっていったのです。また、相続税を支払うために遺族はダンヒルの株式を売却しなければならなくなり、アルフレッド・ヘンリーか私が亡くなるとすぐに、ダンヒル家が会社の支配権を失うことも分かっていました。この点が決め手になり、私は手遅れになる前にできることをやろうと思ったのです。

その後の展開の鍵になるため、相続税についてもう少し説明しようと思います。アルフレッド・ヘンリーも私も信託基金から副収入を得ていましたが、二人とも、退職後の生活を支える原資がありませんでした。私たちが死ぬと、ダンヒル家が会社の支配権を失うばかりでなく、相続税は収入自体ではなく収入が由来する資本に基づき算出されるため、アルフレッド・ヘンリーは、五十年近く会社で指導的な地位に就いていたにもかかわらず、自分が亡くなると妻が生活できるだけの財産すら残せなくなってしまいます。私の場合は夫に収入がありましたが、金銭的な条件はアルフレッド・ヘンリーとあまり変わりません。それでは、国内外の数百人に及ぶ従業員にとって仕事や生活の基盤となっているこの会社の社風やビジョンを維持し、関わる人たちの利益になるようにするには、どうすればいいでしょうか。

一九六一年の段階では、答えはありませんでした。私たちは管財人としてバーティ叔父さんの持分を売却することができませんでしたし、自分たちが保有する株式を売却すれば、先に述べたように一家は仕事の支配権を失うことになってしまいます。しかるべき会社との合併が望ましいことは明らかでしたが、弱い立場から合併を望む人たちなら誰でも抱く不安を、私たちも感じていました。まず、支配権を失うことの不安です。長期的には避けられないかもしれませんが、短期的にはこの選択肢は受け入れられませんでした。また、アメリカのケースのように、外部の影響によりダンヒル社の社風や製品の品質に悪影響が出る可能性も懸念していました。合併が幹部社員との雇用契約にどのような影響を与えるかという問題もあります。場合によっては、私たちが彼らを裏切ることになる可能性もあるわけです。

たまたま、私たちはすでにカレラス社からの予備交渉の申し入れを受けていました。コストの問題でダンヒルは戦時中に手作りのシガレットを生産しなくなっていましたが、カレラス社はライセンス契約の下、使用料の支払いを条件として五〇年代にダンヒルのシガレットを発売していたのです。この事業はカレラス社にとってはまずまずの成功を収めていたので、同社がさらに提携を深めてダンヒルの名称を広く使いたいと思ったのも不思議ではありません。しかし当時、私たちの売り物は営業権だけで、そのためダンヒルは弱い立場に追い込まれていました。バーティ叔父さんの信託財産は、彼が亡くなるまでは家族がダンヒル社の経営権を掌握する上で多いに役立ちましたが、今や大きな足かせとなってしまったのです。

一九六三年になると、急に状況が変わりました。バーティ叔父さんの妻ヴァイオレット叔母さんが亡くなったのです。叔母さんが主な受益者だったため、信託証書の新しい条項が直ちに発効しました。まず、基金の大部分が「医学の研究と医学的知識の伸長」のために割り当てられました。これは慈善事業ですが、私は今でもこの事業に関与しています。現在この基金は五百万ポンドほどになり、多くの病院での研究プロジェクトを支援しています。二番目の課題は複雑で、当時皆が大きな関心を寄せていました。これによりダンヒル家の受益者や持分に変化が生じ、事業の将来に関わる重要な問題が生じた場合、私たちが会社の役員として勧告すれば、それぞれの持分の半分を売却することができるようになりました。他の株主の多くが賛成すれば、私たちは多数の株式を売却する権限を有し、カレラス社との話し合いを一歩先に進めることができるようになったのです。これにより合併への交渉が前進し始め、基本的には私たちが話し合いを担当することになりました。

まず私たちはダンヒル社の事業の健全性をともに調査しました。一九六四年のアメリカ公衆衛生局報告書によりシガレットの喫煙への恐怖が生まれたため、当社の事業はかえって大きな恩恵を受けていました。パイプや葉巻の需要が（特にアメリカで）大幅に増加し、フィルター付きのシガレットホルダーも大西洋の両側でよく売れるようになったのです。卸売や輸出も増加しましたし、前に述べたように極東での展開も魅力的でした。こうして、私が会長になった初年度の税引後利益は十九万六千ポンドとなりました。これは五年前の水準の二倍以上です。

合併を検討する上で、常に最も大きな問題となるのは従業員の雇用契約であり、さらには年金や福利厚生がどの程度向上するかです。私たちは両社の運営方法を一つ一つ比較しなければなりませんでした。従業員の多くや役員全員が解雇されるのではないかという噂も飛び交いましたが、実際には、両社が互いに支え合う方法を次々と見出していたのです。カレラスの経営陣たちは、実績のあるダンヒルの事業や経営陣を維持し、将来も自立した経営を保証しようと考えている点が最も重要なポイントでした。カレラス社はマーケティング上の目的からダンヒルの名前に伴う評判を手にしたいと望んでおり、一方で私たちは、カレラス社の世界中でのマーケティング実績や、国際スポーツ大会でのスポンサーをはじめとする広く精力的な宣伝活動による恩恵を受けたいと願っていました。基本的には、売却した株式は無駄にはならず、ダンヒルの事業は十分に自立性を保ったまま、自然な成長を続けていくことが期待できるはずです。

そこで、何度も会議を重ねて、時には機密性を守るために車内でブラインドを引いて話し合いをしたこともありますが、最終的な合意が得られました。一九六七年にカレラス社はダンヒル社とダンヒル家からダンヒルの株式の五〇%を購入し、カレラス社はダンヒルの役員会に三人の役員を送り込むことになりました。

合併の最終合意に向けた交渉は、この時期に私が抱えていた心配事の一つに過ぎません。ケイのひどい結婚生活はずっと心配の種だったのですが、結局は離婚に終わりました。テッサは二十三歳で医師免許を取り、多くの病院で働いていたのですが、ある難民の若者と関わりを持つようになりました。言いたくはないのですが、テッサのような聡明な少女と長く関わるには不釣り合いなパートナーです。彼は私的財産や私企業、イギリスの憲法などについて左翼的な考えを持っており、当時流行っていたデモにも参加していましたが、私の考えとは正反対でした。探究心旺盛なテッサがマイノリティの考え方や弱者の主張に共感を寄せているのは分かっていましたが、左翼的な政治活動に関与する代わりに、仕事にもっと精を出してほしいと私は願ったものです。しかし間もなく、テッサとボーイフレンドが愛し合っていることに私も気づきました。

一九六四年に二人は結婚し、ハネムーンはイスラエルのキブツに出かけるとテッサは言ってきました。彼女は翌年娘を出産してサラと名付けましたが、その後ロンドン西部の郊外にある地所を拠点とするコミュニティに居を定めたようです。しかし、一年半ほど経ってテッサが二人目の子供を産んだあと、ある日のこと、テッサが薬を過剰摂取したと私は電話で知らされました。自分で処方したに違いありませんが、その後市内の病院の集中治療室に担ぎ込まれたということです。病院で見舞ったショックも覚めやらぬ中、彼女が重度の神経症を患っているとは気づかなかった私は、この時点では出産後によく見られる鬱状態だろうと考えていました。そこで彼女が旅行できるようになると、静養のためにサセックスの海辺にある私たちの家へと連れていくことになりました。

ここで過ごした三週間は、私の人生の中でも最もみじめなものでした。今は躁鬱病患者がどのような苦しみを味わうかある程度分かっていますので、テッサが無気力にふさぎ込んで、ただ死にたいとしか言わなくなったのも理解ができます。しかし当時は、愛する娘となぜ話ができないのか、うわごとを言うのをやめさせて現実に戻らせ、少しでも子供たちへの責任を思い出させることがなぜできないのか分からず、私も苛立ち、悲しみが募りました。今目の前にいるテッサは、もう私が知っている娘ではありません。私が簡単な料理を作っても彼女はほとんど手を付けず、夜には同じ寝室で眠れぬ夜を過ごしました。少しでも私の話を聞いてもらおうと思ってもうまく行きません。二度と自殺を試みないようにと約束させることすらできませんでした。時々上機嫌になったかと思うと、また落ち込み、黙ってふさぎ込むといった具合で、長い日々がゆっくり過ぎていきました。

少し落ち着いてテッサを家に帰すとすぐ、私はまたテッサに呼び出されて、夫と口論を繰り返したあげく離婚することに決めたと告げられました。二人はその晩のうちに別れて、数週間のうちに、テッサは性格の不一致を理由に離婚の手続きを始めました。子供たちの親権を失うのではないかと娘はおそれていましたが、すぐに市内のクリニックでパートタイムの職を得て仕事に復帰しました。

テッサの親として、娘のことを輝かしい未来が待ち受ける優秀な若い医師だとまだ思っていたので、私は愚かにも、娘の苦しみは終わろうとしているのだろうと信じていました。

15　事業の海外展開

極東で私たちが開拓した市場は、この頃には西はミャンマー、南はインドネシア、北は太平洋のグアムにまで広がっていました。最も経済的に豊かだったのは日本ですが、アジアは広大な市場であり、六〇年代の終わりには、私たちは極東ですでに活動していた代理店や提携会社のほかに新会社を設立して香港と東京で直営店の運営を始め、七〇年代初めには、さらにクアラルンプールとシンガポールに新店舗をオープンしました。イギリスには五店舗、ヨーロッパにはほかに二店舗あり、全部で十二店舗になったため、ダンヒルの小売事業には新たな機運が高まっていました。

この頃には、ダンヒルの小売店は、私たちの商う小物商品を新たなお客様にご紹介する重要な拠点となっていました。こうした商品の紹介はもとより、これまで強調してきたように父の創業期よりダンヒルが大切にしてきたサービスの提供を通じて、新しい店舗は新しい市場への橋渡しの役割を果たしました。しかし広大なアジアの市場では新しい現象が生じていました。特に日本では、代理店の努力により、ダンヒル製品への需要が私たちの店舗による供給を上回るようになっていたのです。欧米では家やボートや車などが成功の証であると伝統的に考えられていますが、日本では、男性の身の回りの品が成功のバロメーターになっているからです。こうした個人のアクセサリーは高度な職人技で作られたものでなければなりませんが、日本国内ではほとんど作られていないため、高品質の代名詞であるヨーロッパのブランド製品が突然爆発的な売れ行きを示すようになったのです。

大きな利益を上げたのは私たちだけではありません。宝石や高品質な身の回り品を極東市場で販売するヨーロッパの企業はもちろんほかにもありますし、中には私たちのライバル企業もありました。しかし、ヨーロッパの折り紙付きの商品に対する関心が急速に高まったことにより、ダンヒルのライター、特にローラガス・ライターが大変な売れ行きを示したのは事実です。日本のエリートビジネスマンはライター、それも本物の高品質な、ヨーロッパ製のダンヒルのロゴが刻まれたライターをこぞって求めました。こうして次第に、二〇年代にパリで最初の成功を収めて以来、ダンヒルがギフトショップとして拡大していく中で、他国の店舗で長年扱っていたさまざまな商品への需要が日本でも高まりました。六〇年代末までに、代理店はタバコ製品に加えて各種化粧品を販売しており、ネクタイ、スカーフ、ハンカチなど、他国にあるダンヒルの小売店ですでに長年売られていた衣類も売り出し始めていました。ニット製品や、ヨーロピアンデザインのスーツが特に人気でしたが、日本市場のおかげで私たちはメンズファッション一式の発売に向けた検討を始めて、その後他の市場でも売り出すようになりました。

ダンヒルグループの最近の歴史における新しい事業ドメインの重要性を見るために、数字を挙げてみましょう。例えば、一九四八年には卸売・輸出取扱高は二十万ポンドでしたが、一九六九年から七〇年には三百万ポンドとなり、一九七二年にはさらに倍増して六百万ポンドになりました。同年には、海外子会社への売上を含む世界への輸出額は三百万ポンドを超えて、総売上の八〇%を占めるまでになっています。これらの輸出のうち四三%が極東、三九%がヨーロッパ、一五%がアメリカ向けです。一九七二年には利益も百四十万ポンドとなり、創業以来単年度で最大の増加率を示しました。

イギリスの国際収支の問題を改善するために、ここ数年で多くの輸出振興策が取られてきており、ダンヒルにとっては有利な状況が生まれていました。輸出部門での実績を評価されて、ダンヒルグループは一九六六、六九、七四年に産業部門の英国女王賞を授与されています。真の輸出実績は輸出財の国内価額の増加ではなく、輸入国のポンド残高に与える影響で計るべきであると私は考えていますが、それでも英国女王賞を頂いたことは、ダンヒルとして大いに誇りに思っています。

また、アメリカの販売会社であるアルフレッド・ダンヒル・オブ・ロンドンの買収に成功したのも私たちに充足感を与えてくれました。この会社の状況はすでに説明した通りですが、一九六六年には業績の低下を理由に、所有する全株式を売却する申し出を持株会社より受けたのです。持株会社の身勝手で企業価値を損なう行動についても先に書いた通りです。売買契約により、ロンドンのダンヒル社はアルフレッド・ダンヒル・オブ・ロンドンの事業の一部を購入するオプションを有しており、新しいパートナーであるロスマンズ・インターナショナルの承認と金銭的な支援を通じて、私たちは幸いにもこのオプションを行使することができたのです。

この取引は、数年前の合併が有利に働いた例と言えます。私たちは比較的小さな家族事業でしたから、大きな負債を抱えることなく、利益を投資することにより成長を計る戦略を、処世訓とは言わないまでも企業方針として掲げていました。ですから、アメリカの事業が悪化して全体に悪影響を与えていたとしても、アメリカの会社を買い戻すのは私たちだけでは不可能でした。しかし、合併により大企業の財源を活用できるようになり、新しいパートナーもアメリカでの事業を当初の水準に戻すことに関心があったため、私たちに残された仕事は、買収価格について合意することだけでした。火ぶくれができるほどのニューヨークの酷暑の中で、私は三日間の話し合いに参加しましたが、ほとんど成果が上がりませんでした。元気を取り戻そうと出かけたレストランでさえ、喉の渇きを癒やす水が出てこない有様です。それでも最終的に条件面での合意が得られて、その後数年間でアメリカでの事業はＤ・Ａの時代の評判を取り戻しただけではなく、売上も倍増して卸売部門も大陸に拡大し、新しい店舗もオープンして、アメリカは再びダンヒル社の国際業務の中で重要な地位を示すようになりました。先の訪問時の不安を一掃する成果です。

ダンヒルだけではなく、マーケティング部門の上級幹部はどこの会社もそうだと思いますが、私は出張に多くの時間を費やさなければなりませんでした。年月が経つうちに、空港のラウンジで過ごしたり、一人寂しく寝室で寝たり、上空からいつも同じ雲ばかり見下ろしたり、時差ぼけに苦しんだりした時間を買い戻して、もっと良いことのために使えていたらなと願ったものです。訪問した世界の国々についても鮮明に覚えていますが、私は旅行作家ではありませんし、私の海外旅行の話で読者をうんざりさせたくはありませんので割愛します。ただ、答える価値のある質問が一つあります。

私たちのような国際企業のトップにとって、出張はなぜ重要な意味を持つのでしょうか。私の場合は、海外の従業員や代理店に対して、会社の歴史や社風、発展を説明する上で自分が適任だったからだと思います。会議があったり、新しいショールームや工場のオープンに合わせて訪問日程が組まれたりすることもありますが、たいていはテープカットの儀式だけでは済まず、大変な任務が待ち構えています。というのも、現地の言葉を話し、さらに国際的なレベルでトレーニングや経験を積んだダンヒルの現地の従業員こそが、私たちにとってかけがえのない財産であり、私たちの事業の基礎となっていると私たちは信じているからです。だから、彼らは状況の変化を知る必要がありますし、会社の方針やその国のビジネスパーソンとの間で抱えている問題について、サポートを必要としてもいます。会長が一番確かな情報源だとすれば、必要に応じていかなる場所でも会長が話をする必要があります。

ですから、出張の間はいつも従業員と話したり、取引の打ち合わせをしたり、握手をしたり、どれほど疲れていても、にこやかに愛嬌を振りまかなければなりません。伝書バトのようなもので、ニュースや小話を伝えて、関係者がお互いにつながり、気持ちを通わせる役割を果たしているのです。組織と組織に携わる多くの人々（従業員、代理人、小売商、卸売商、株主、顧客）とが分かり合えていることが広報活動の正しい役割だと言えますが、すでに述べたアジアの国々などでは、その任務は決してたやすいことではありません。でも私は、この任務は基本的に言葉を交わすことで成し遂げることができると信じています。

こうした出張にはつきものですが、記者会見からラジオやテレビのインタビューまで、どんな場所に行っても宣伝のチャンスを頂けます。ダンヒルの物語は家業から始まって大きな企業に成長した歴史ですが、地元メディアはたいてい経営やマーケティングの話に関心を寄せてきます。記者たちは意外なほど私に会いたがり、私の家族について質問し、私がいつ何を喫うかまで、根掘り葉掘り聞いてくるのです。夜の十二時を回って次の目的地に向かう飛行機を待っていると、インタビューの申し込みを受けて、いつの間にか喫煙の社会史の全体像をかいつまんで説明していることもありました。こうした仕事は、国内ベースで働く役員が想像する以上に疲れますし、面白味のないものではありますが、私は役員会や株主総会よりも重要だと思っています。もちろんそうした会議も必要ですが、移動を通じて多くの友人もできましたし、私にとってはそれだけでも報われたように思います。

極東から戻ってすぐに、またテッサの具合が悪いと連絡を受けました。離婚してから二年ほど経ち、寂しかったでしょうが、自立して女手一つで二人の幼い子供を育てつつ、近所の医師の下でパートタイムの医師として働いていました。テッサはこの仕事を大いに楽しんでいました。戦時中しばらく過ごしたドーセットの農場に訪問したのも良かったようです。ここ二年間、私は娘が完全に良くなったものとずっと信じていました。

しかし最近、前に述べたような不穏な出来事が一、二度起こっていました。子供と一緒に休暇を過ごしている最中にテッサがひどい幻覚に襲われて、ホテルの寝室に倒れ込んだというので、私はケイととともにノーフォークに駆けつけたことがありました。その時は、嫌がる娘を車に乗せて連れて帰らなければなりませんでした。さらに精神科医の診断を受けましたが、彼女自身が医師で、おそらく専門医並みに躁鬱病の知識があったこともあり、治療もほとんど効果がありませんでした。テッサの子供たちの世話をしてくれる人を何とか見つけたものの、また危機が訪れるだろうとは半ば覚悟していました。ある日電話を取ると、嫌な予感が的中しました。薬の過剰摂取により、彼女は再び市内の病院の集中治療室に収容されたのです。

今回は、友人に依頼してガイズ病院に入院する手はずを整えました。手厚い看護を受けたものの、入院は数か月間にわたり、テッサはとてもみじめな様子でした。レックスと私は見舞いによく出かけて、安全だと判断した時には少し散歩に連れ出したりもしましたが、三年前にサセックスの家でともに過ごした時のように、娘とうまくコミュニケーションが取れないこともしばしばでした。黙りこくったり落ち込んだりして、また人生をうまくコントロールできなくなっているような様子です。こういった辛い日々の中で、私も娘の底知れない絶望を垣間見たように思います。この三十四歳の若い女性のために、周りの人ができることは何一つありませんでした。

一九七二年七月四日、レックスの誕生日に、テッサは自分で処方箋を書き、病院の薬局に持っていきました。そして朝七時に、彼女の死を告げる電話が鳴ったのです。

16　ダンヒルグループの成長

兄のアルフレッド・ヘンリーは、私が会長に就任した後はダンヒル・グループの総師になっていましたが、一九七一年に亡くなりました。六十年近く会社で働いた兄は、三十三年間にわたって会長を務め、個人的には、会社の歴史上誰よりも、父やバーティ叔父さんが築いた会社を精力的に発展させてきた人だと思います。一九一二年、兄がダンヒルの店で職員として働き始めた時、利益はわずか年千ポンドでしたが、亡くなる時には、百万ポンドを超えていました。甥のリチャードが一九七六年に私の後を継いで会長となった時には四百万ポンドを超えていましたから、七〇年代初めの成長がいかに凄まじかったかが分かります。特に、海外市場の発展は目覚ましいものがありました。今日の事業は、アルフレッド・ヘンリーの時代よりも拡大したばかりか、経営手法も異なり、社風も幾分変わっています。ですから私は、兄のキャリアの終わりを、かつての会社と現在の事業との分水嶺のようなものだと考えています。

一体私たちはどう変わったのでしょうか。家族経営の店が、国際的なマーケティングを行い、すべての資本主義諸国で商品を売るような企業になる必要があったのでしょうか。そもそも、これは望ましい発展なのでしょうか。仮に望ましいことならば、いや、私たちの場合は避けられない展開だったのかもしれませんが、一体誰が恩恵を被るのでしょうか。従業員でしょうか。あるいは株主、お客様、それとも社会でしょうか。こうした疑問に答える前に、私の会長時代における最後の数年における発展についてまとめてみましょう。これは、ダンヒル・グループの現在の姿を知る上で欠かせないと思うからです。

まず、私たちが販売する商品の力点に変化がありました。一九七〇年代初めに売上や利益の増加を支えていたのは、主にローラガス・ライターでした。特に極東ではこの傾向が強かったのですが、利益は上がっても危険な状況だと私たちは認識していました。そこで私たちは、革製品や時計、宝飾品、筆記具など、補完的な関係にある商品の販売を世界的なレベルで強力にプッシュすることにしました。何度か触れてきた通り、パリのショールームで五十年前に初めて売り出され、後に化粧品を加えて、パリに留まらず世界中の店舗で販売してきた商品群です。この時点でも、私たちは舌の肥えた愛煙家のためのパイプ製造やタバコのブレンド、あるいはその他のタバコ関連商品の分野で世界をリードする企業であると考えがちでしたが、新たな戦略の下で、ダンヒルグループはこうした伝統的なタバコ関連事業への依存から脱却するようになりました。最近発売された紳士服に続き、ダンヒルは現在、男性が必要とする高級な身の回り品や衣服をほぼすべて提供しています。

これは、一九二〇年代にパリで始まった事業が自然に展開を遂げたものと考えられます。パイプ、パイプタバコや葉巻は、今でも私たちの重要な事業です。しかし、事業の幅を広げるとともに、多角化して新しい分野に参入する危険を避けるために、私たちはこれまで長く扱ってきた高級品を徹底的に追求してきました。男性が私たちの商品を気に入ってくれるのは、実用的でもあり、日々の生活を優雅なものにしてくれるからでもあります。広告屋が言う通り、ダンヒルのイメージは、かつてないほど男性的なものなのです。

こうした最近の事業展開を通じて、一流の職人による作品を購入して満足を得たいと思う人、そしてダンヒルの名が、自分用としてもギフト用としても物欲を掻き立てるものであると考える人が、世界中でますます増えていることが分かってきました。時計や革製品、ペン、衣服、あるいは各種アクセサリー類への需要は着実に増えてきています。ダンヒルがこの手の製品を生み出している唯一の会社だと考えるのは馬鹿げていますが、こうして長い年月をかけて、ダンヒルらしい特徴を備えた製品を幅広く取り揃えるようになった例は、ほかにはないと言っていいのではないかと思います。

販売網については、すでに述べたように欧米や極東における主要子会社が現時点で十六のショールームを運営しており、地域のニーズに応じて商品を紹介し、販売しています。

また、百を超える専門代理店が、厳選された数千の小売店を通じて私たちの商品を宣伝販売しています。一流デパートの多くで「ダンヒル・コーナー」が重要な位置を占める国もあります。こうした国際ネットワークのおかげで、私たちの商品が世界中で小売販売されるようになりましたが、こうした小売業の展開を通じて、私たちは各国のお客様のニーズや好みをいち早く知ることができるようになりました。こうした情報はプロモーションの効果を上げるためにも、新製品の開発にとっても重要です。

ここ数年、さまざまな市場での発展に合わせて、経営陣を増やして再編成し、分権的な形を採用する必要が生じてきました。これは特に独創的とは言えませんが、今日の企業に要求されるプロフェッショナリズムを採用したものです。役員二名で小売業と卸売・輸出業をそれぞれ担当していたアルフレッド・ヘンリーの時代とは異なり、世界におけるダンヒルの市場は現在、ニューヨーク、香港、ロンドンを拠点とする三つの自律的な地域に区分されています。私たちはまた、さまざまな製品グループやそれぞれの市場の要求に特化した知識を持つサポートチームを導入しました。組織の中核には、各製品グループの設計、開発、品質に責任を負うとともに、一貫した宣伝活動を行えるように指揮する、マーチャンダイジング部門も設けられています。こうしたことは、国際企業の水準から見ると別に珍しくもありませんが、父やバーティ叔父さんが知っていた事業とはまるで違います。アルフレッド・ヘンリーも父を驚かせましたが、アルフレッド・ヘンリーは基本的にはセールスマンであり店主でしたから、現在の経営手法を見たら驚くことでしょう。

このように、一九二〇年代に発売された商品ラインナップを元に、ダンヒルグループは自然に発展し、各市場のニーズに合わせた流通や販売の力を身につけてきました。特に本書では触れませんでしたが、長年の間にダンヒルは多くの子会社を買収しております。これは買収による成長自体に利点があると考えたからではなく、すでに発売されている商品に関連して新たな商品を開発したり、製造ノウハウを蓄積したり、流通方法を改善する必要が、その時々に生じたからです。また、私たちはこうした各国の子会社をグループ内の独立した部隊として捉えて、相当の自立性を認めてきました。現在、ダンヒルグループは約二千名を雇用し、その半分はイギリスで勤務しています。ですから、世界中で展開している企業の割には、従業員規模の面では比較的小さな企業のままです。四十年前、いや十年前と比べても、売上高やマーケティング活動の規模は飛躍的に増えました。こうして再編されて、現在のような規模の業績を上げるようになった会社には、どのような未来が待ち受けているのだろうかと私は自問せざるを得ません。

もちろん、私の会長時代における最後の数年間に構築した新しい経営陣の面々には、無条件の信頼を抱いています。これまでも触れてきた通り、ダンヒルグループの長年にわたる成長は前進する中で自然ともたらされたものですが、まぐれとは言わないものの、多くの局面で幸運に助けられてきたのも事実です。同じく、今日の激しい競争を生き延びるためには、企業は前進し、ライバルと肩を並べ、売上や利益の背後にある勢いを維持しなければなりません。縮小を余儀なくされる場合は、敗北とまでは行かなくても、誤りを犯したり、間違った方向に進んでいたりする証拠です。ダンヒルグループは製造部門やマーケティング部門が比較的小さく、そのために特別な強みがあると思っていますが、大規模で、たいていは競争力もあるライバル企業の様子を長年見るにつけても、会社が大きくなることについて、私は疑問を覚えるようになりました。基本的には、会社が大きくなると社内の人間関係に悪い影響が生じるのではないかと思います。責任ある立場の人々が、自分を非人間的な機械の歯車のように感じるようになって、緊張が増したり、萎縮したりしていくのです。私は、人々が力を合わせて懸命に働くことこそが、売上や利益と同じくらい大切だと思っています。リーダーシップやチームが正しければ、結果はついてくるはずです。専門家によると、社内全員の名前を覚えられる会社の規模は従業員数四百人までなのだそうです。* ノッティング・ヒル・ゲート時代は確かにこの位の規模でした。当時は良い仕事をすることが現在よりもはるかに大切にされていたことを踏まえても、組織が小さかったがために、従業員に忠誠心が浸透していたのを覚えています。また当時は、父のようなセールスマンや製造業者が工場を立ち上げ、従業員を雇い、原材料を購入して、それなりの成功を見込める時代でもありました。しかし今日では、一つには税制により活力をそがれて、小さい会社が顔の見えない大企業に吸収されてしまい、巨大な企業体があらゆるレベルの管理体制を「指揮命令系統」で貫き、会計士のチームもどんどん肥大して事業が軌道に乗っているかどうかを決めつけてしまっています。

＊企業の目的や実効性に照らした企業の最適規模については、エルンスト・フリードリッヒ・シューマッハー博士による『スモール・イズ・ビューティフル』（講談社学術文庫、小島慶三・酒井懋訳、一九八六年（原著一九七三年））において見事に示されています。本書には「人間中心の経済学」という副題が付されています。

しかし、本当に重要なのは、会社の基礎になる従業員が幸せに、お互いに力を合わせて働けているかどうか、そして経営を担う人々が、どれほど経営実務の訓練を受けたかは別にして、必要な英知や才能、ビジョンを持っているかどうかではないかと私は思っています。こうした経営者の特性は、教えられて身につくものではなく、生まれながらのものだと思っているからです。

もし将来、ほかに何か不安の種があるかと聞かれるならば、優れた品質や高度な職人技ゆえにダンヒルが長い年月をかけて勝ち取ってきた評判を失いはしないか、というおそれはあります。私たちの工場にはまだ、パイプやキャビネット作りといった工芸品作りにまつわる訓練を受ける心構えのできた若者たちを雇い入れる職人の家風や地域の伝統がありますます。また、世界中の豊かな国が職人たちの作品を求め続ける限り、金細工や銀細工、宝石細工や革、ガラス、宝飾品などの工芸品を生み出す職人の技が受け継がれていく望みはあるでしょう。

しかし、大量生産の時代に入り、流行もどんどん移り変わるようになって、今日買った商品が明日には取り替えられるようになると、私たちの評判の基礎となる職人技の未来は脅かされてしまいます。五十年ほどダンヒルに勤めた、あるパイプ作りの職人が引退した時に、このことを痛切に感じたものです。彼の技量や経験を取り戻すことはもはや不可能なのです。

この章の初めに掲げた質問に戻りましょう。父が最初に成功を収めた後、曲がりなりにも現在の姿にまで会社が発展してきたのは、自然な展開でもあり、必然の展開でもあったと私は信じています。一部の商品では工芸品作りにつきもののミスはありましたが、職人技の水準が低くなったとは、正直なところまったく思っていません。特に最近の高い利益率を見れば、このことは自ずと明らかだと思います。ですから、ダンヒルという会社は、株主にも、そこで働く人々にも、世界中でダンヒルの商品を扱う人にも利益をもたらしたと結論づけたいと思います。私たちの財務諸表を見れば、国庫へ果たしてきた貢献も明らかでしょう。

先に説明した通り、ダンヒルグループの大部分を構成するのは、小規模な製造部門であり、営業部門であり、経営部門です。どんな将来が待ち受けているにせよ、ダンヒルがこうした小規模な部隊を維持することができるだろうと私は信じています。ダンヒルは実質的には小さな会社の連合体のようなもので、人と人とのつながりを深めて、一人ひとりの独創性や行動を促す存在であるはずです。その結果、良い労働条件や、楽しく働ける環境がもたらされているのでしょう。最後に、将来の成功は雇用者の能力に大いに依存していると私は信じています。経営陣の能力が高い場合にのみ、私たちは十分な能力のある男女を雇い続けることができるからです。

リチャードと私、父とアルフレッド・ヘンリーの肖像画の前で

終わりに

最初に述べた通り、私は人生の大部分をこの会社のために費やしてきましたが、それは働くことが楽しかったからでもあり、私たち一家がこの事業に誇りを持っていたからでもあり、また、年月が経つほどに、幼い頃より何よりも必要だと感じていた自立が、仕事を通じて得られるようになったからでもあります。母のように男性に従属する人生は絶対に嫌でした。またすでに述べたように、私が会社に対して抱いていた不安が、私を会社につなぎ止めていたのも事実です。特に、いわゆる人事を行ったり、従業員の問題に対処したり、雇用者としての職責を果たすことが、私の一番やりたかったことだと気づいてからはなおさらです。私生活では不幸もありましたが、それを乗り越えて、このような仕事をしたり、従業員と日々関わったりすることの方に、長期的な意義を見出すようになりました。

しかし、私は兄たちに続いて会社で働きたいと思ってはいたものの、初めから将来を嘱望された「キャリアガール」として出発したわけではありませんでした。自分が一番得意なことは何かが分かるには、何年もかかったのです。ですから、私が一番幸運だったのは、すぐに仕事に慣れて、能力を思う存分発揮できる機会にあふれていた時代に、このような会社に入ることができたことだと思います。

女性が経営において果たしうる役割について、特に人間関係において貢献できることを、私は示そうとしてきたつもりです。男性は女性のことをあまり疑わず、男性の同僚よりも対抗意識が薄く、安全を脅かさない存在だと見なしているからこそ、私は成功してきたのだと思います。それなりの素質があり、人間に本当の関心がある若い女性には、経営者となる訓練を受けることを勧めたいと思いますが、女性がフルタイムの職に就くことの厳しさを軽視しているわけではありません。特に、結婚や子供、あるいは家事の問題で、女性は重要な時期に仕事を離れなければならない時があります。今日では、もっと厳しい状況でしょう。家事手伝いを引き受けてもらうのはほとんど不可能ですし、第一高くつきます。小娘が部屋にあふれる男性に交じって朝の会議に出席するために、夜明けとともに起きて家を片付けてから会社に行っていた時の気持ちを今でも覚えていますが、四十年前には、子供が小さい時にお守りをしてくれる人がいましたし、今から思うと、乳母の賃金など取るに足らないものでした。

私はあまり政治に関心がありませんが、私の話からお分かりの通り、企業経営に関して言えば、基本的に私は保守派です。いわゆる福祉国家政策により、生活や労働条件は私の若い頃より大幅に向上しました。多少の例外はあるにせよ、公共サービスを国有化することにより、国の基本的なサービスを公平に運営することができると私たちの多くは思っています。とはいえ、利益自体が目的であったり、会社の実力を測る唯一のものさしであったりするとは決して思っていませんが、民間企業の良さは大いにあると思います。特に、小さな企業が勤勉で主体的に、そして誠実に働くように人々を促し、そして利益を分配していくことが望ましく、正しいと思っています。また、事業に出資する株主たちへの利益分配に制限を設けるべきではないと考えています。私は多くの人たちと同じく、高い税金のために、イギリスを大国に導いてきた独創性や企業精神に足かせがはめられていることをとても残念に思っています。また、やはり税制のために、うまく経営しているはずの家族の商いを父から息子へと引き継ぐことが次第に難しくなっているのも残念です。私たちダンヒル家のような物語を、これからはなかなか耳にできなくなるでしょう。残念ですが、イギリスの現状では、新しい企業哲学を必要としているのです。

結婚というテーマについては、私の話の中で何度か触れて来ました。若い頃、家族の結婚生活について見聞きしてきたことが、私の結婚観に終生影響を与えたのは事実です。初めは、恋愛や結婚を疑いの目で見るようになりました。母は自己中心的で強情な男に尽くしていましたが、パートナーシップと言う点では、母の結婚は失敗でした。バーティ叔父さんの場合はもう少しましでしたが、何度も不倫を重ね、私の心に強い印象を植えつけました。また、兄たちの人格形成期に、父がガールフレンドを家に連れてくることを禁じたのはひどい影響をもたらし、兄たちは反抗的にもなりましたし、ジャックの場合には、成功の見込みがない結婚をしてしまいました。相手を思いやる夫婦関係もあるのだとジェフリーが気づかせてくれたこともあって、私は娘たちの恋愛に理解を示し、おおらかな態度を示そうと努めました。しかし、多くの若い母親が悲しくも悟ることですが、二人とも不幸な結婚をするのを、私は止められませんでした。ケイは幸いにも再婚し、新しい夫は法廷弁護士で、私の知りうる限り一番素敵な男性の一人です。私と母のような親しい関係をケイが私との間に築いてくれたのは、望外の喜びです。

私自身の結婚では二度とも大きな幸運に恵まれましたが、これは一つには、多くの男性が女性に示してくれる忠誠心を、すでに学生の頃から疑いの目で見ていたからだと思います。パートナーシップとしての結婚の重要性が現代ではよく議論されますが、男性の多くはまだ妻に苦役とも言える忍耐を強いて、ろくに感謝もせず、バランスの取れた夫婦関係など眼中になさそうです。私たちのように奇跡的に円満な夫婦になれた例は、ほとんどないかもしれません。いずれにせよ、こうした従属に苦しむ運命への強い恐怖があったため、うまくやっていけるかどうか、そして価値のあるパートナーシップの基礎となるべき互いへの尊敬があるかどうかを十分に見極めた上で、初めはジェフリー、次にはレックスとの結婚に踏み切ることができたのだと思います。珍しい話でもなく、単なるわがままに思われるかもしれませんが、私は大事なことだと思っています。お互いの性格を補い合える関係、といっても夫婦ごとにそれぞれ違いますから、ことの性質上一言で言うのは難しいですが、長い間にいろいろな出来事が起こる中で結婚生活をずっと続けていくには、相性が良くないと難しいでしょう。

私はポジティブで思い切りのいい性格だと自覚しています。父から受け継いだのは間違いありませんが、いろいろな選択肢を比較して決定を下し、実行する能力に長けています。これによって、大変な職責であっても自分ならやれると思い、たいていの局面で前に進む力を得てきたのです。裏を返せば、いつも一緒にやりやすい人間というわけではありません。母親のような忍耐や自制心もありませんし、頬を打たれたらもう片方の頬を差し出すような性格ではありません。ですから、ここ二十年間、優しく賢い愛情たっぷりの両親のいる素晴らしい家庭で培われた安定感があり、私の興味や考え方をおおむね理解してくれる夫が、気性の激しい私をなだめてくれたのは、本当に幸運だったと思います。こうしたレックスとの関係は、先に述べた通り、私が幼い日々から育んで来たもので、のちに素晴らしい夫婦となって実を結び、お金では買えない喜びを私に与えてくれました。

私は今でも日々会社に関わり、主だった会議に出席し、できることがあればいつでも海外に出張しますが、時間の多くをセミリタイアとして過ごし、友人や家族、特に孫たちに囲まれて静かな生活を送っています。海辺で菜園を耕したり、たいていの日は夫と一緒に、なるべく田舎の方を数マイル散歩したりしています。時が経つにつれて、私は自然を眺めるのが好きになりました。初めは母が教えてくれた楽しみですが、花や鳥や小さい動物を見つけては喜んでいます。とげだらけのハリネズミまでもが、戸口によくやってくるのです。

私は生涯を通じて健康に恵まれたことに日々感謝しています。しかしキリスト教の神は受け入れられません。いつも祈りを要求しますし、私にはいろいろな欠点があるとしても、いつも自分をみじめな罪人のように思わせようとするからです。大切な人との関係を大事にして、残された人生をできる限り楽しむだけで十分です。健康状態がひどく悪くなっても、医学によって生き長らえたいとは思いません。体は丈夫な方ですが、いつも節度ある生活を私に強いてきました。もう十分生きた、という時も、きっとこの体が教えてくれるでしょう。

ダンヒルについて、そして私とダンヒルの関わりについてインタビューを受けた時、一度か二度、あなたは人生の成功者だと思っているか、もしそうなら、何が成功の秘訣か、と聞かれたことがあります。なんとも困った質問で、これには答えないようにしています。人生の成功は、お金儲けや、お金で買える物質的なものではないと思っていますが、お金やものが重要ではないという人たちのことは理解できません。また、この質問への答えが、あらゆる人に当てはまるとも思えないのです。多くの人にとって、人生とは成功を探し求める試みに過ぎません。

でも、チャンスに恵まれて、野心やエネルギーや能力があれば、多くの人は人生を価値あることのために捧げて、自分の力を存分に発揮し、願いを叶えたいと思うでしょう。価値あることとは、どのような形であれ、他の人のために大いに役立つことであるはずです。おかげさまで、私はそういう人生を送ることができています。私はこれ以上望めないほど、充実して変化に富む人生を送ってきました。年を重ねてからも、本当の意味で満足していまず。時おり、目の前の課題に一所懸命取り組んでいると、まったく思いがけない瞬間に、多くの人が「幸福」だと考えているものを強く感じることがあります。ある意味、幸福とはおまけのようなもの、副産物と言ってもいいかもしれません。西側の世界の私たちを取り囲むさまざまな楽しみや喜びに加えて、これこそが、最上の幸せと言えるのではないでしょうか。

訳者あとがき

今、ダンヒル銀座本店「ホーム」の三階にあるラウンジ「アクアリアム」のレザーシートに坐って、この原稿を書いている。書斎を模した落ち着いた空間で、双眼鏡やカメラなど、アルフレッド・ダンヒルが愛した道具たちに囲まれながら優雅なひと時が過ごせる。二階のテーラーコーナーに併設されたバーでも昼間から一杯傾けている人がちらほらいるが、私は飲む訳にはいかない。残念である。

ダンヒルと日本は縁が深い。一九二七年、ダンヒル・パリ店マネージャーのクレメント・コート氏が並木製作所の蒔絵ペンに魅せられて、早くも一九三〇年より「ダンヒル・ナミキ」万年筆を発売している。また、一九六〇〜七〇年代に日本でガスライターや革財布などが爆発的に売れたことがきっかけとなって、ダンヒルが家業からグローバル企業へと飛躍していったのも事実である。「ハウス」のショーウィンドウには、ダンヒルの歴史を彩るこうした逸品がさりげなく飾られていて楽しい。

さて、本書はダンヒル社の知られざるエピソードを今日に伝えてくれる貴重な資料である。とりわけ、ダンヒル家一人ひとりの生き様が生き生きと魅力的に描かれている。まずは、メアリーの父アルフレッド。馬具作りの見習い職人としてスタートした彼は、その後タバコのビジネスへと足を踏み入れてダンヒルの名を世に知らしめる。馬具商から転身して皮革製品で成功したエルメスをはじめ、ブランドの扱う商品が変わるのはままあるが、まったくの異業種にチャレンジして成功するのは珍しい。これは一つには、アルフレッドが職人として大成しなかったからではないかと思う。一つのものに執着せず、機敏に商機を捉えて転身する才能こそが、彼の真骨頂だったのだろう。

しかし反面、アルフレッドは精神的に脆く、結局ダンヒル社でも居場所を失い、私生活でも妻を捨てて愛人の下に走ってしまう。住処もどんどん変えているが、良くも悪くも一つの所に留まれない人間だったのだろう。メアリーは母を捨てた父アルフレッドに対して一貫して冷ややかであるが、父の独創性を高く評価しているのがせめてもの救いである。

メアリー自身の人生も、まさに波乱万丈である。十七歳で学校を中退してダンヒル社に加わり、二十歳の時に父に誘われて美容店を経営するようになる。その後、会社の実権を握っていた叔父ハーバートと親交を深めたメアリーは、ついに役員、そして会長に抜擢される。役員の新旧交代を促進するなど人事で大なたを振るった様子が描かれているが、こうした大胆な施策を実行できたのは、それまで会社に深く関わっていなかったことがかえって幸いしたのかもしれない。その後、夫や兄たちの早すぎる死や躁鬱病に苦しむ次女テッサの急死など、私生活では大変な不幸に見舞われつつも、メアリーは常にポジティブな姿勢を崩さず、カレラス社との合併に成功する。

それにしても、男らしさの代名詞とも言えるダンヒルの顔が女性だったというのは痛快である。女性であることが成功の要因だったとは本人の弁だが、写真からは気丈で鋼の意志を持つ男まさりの様子が窺える。女性が海千山千のビジネスの世界で戦い抜くのは、並大抵のことではなかっただろう。メアリーの生き様は、男女を問わず、日々厳しい仕事に携わるすべての人を勇気づけてくれるように思う。

メアリー・ダンヒルは一九七五年に会長職を退き、四年後の一九七九年、七十三歳の時に本書を出版して、一九八八年にこの世を去った。甥のリチャードがメアリーの後を継いでいたが、その後一九九三年に、ダンヒル社はリシュモングループの一員となっている。その時、世界的な嫌煙の流れの中で、高級品とタバコ事業は分離されることとなった。二〇一一年には、ダンヒル社のパイプ部門もホワイトスポットという新会社に変更されてしまう。アルフレッドやメアリーは天国で地団駄を踏んでいるかもしれないが、時代の流れには逆らえない。

リチャードも二〇一六年に亡くなり、ダンヒル社の経営に携わった創業家の人々は皆この世を去った。しかし、彼らの想いは今なおダンヒルの商品に息づいている。手入れをすれば十年は持つ札入れやベルト。所有する喜びを存分に味わえる、美しいパイプやライター。会社を作るのは人であるとはよく言われるが、人の想いを後生に残すのも、また会社なのだろう。

本書を翻訳し、ダンヒルの礎を作った偉大な人々の素顔に触れる時間は、まさに至福であった。タバコや喫煙具を中心に、日本パイプスモーカーズクラブの青羽芳裕、ジョンシルバーパイプクラブの上田孝嗣、両氏より懇切なる助言が得られた。この場を借りて謝意を認めたい。また、原稿を隅々まで点検して丁寧に編集して下さった未知谷の飯島徹編集長と伊藤伸恵さんに厚く御礼申し上げる。

二〇一七年一月

平湊音

たいら　みなと

富山県生まれ。東京大学教養学部卒業。予備校や出版社での勤務を経て、現在は英語教育のほか、執筆、翻訳、編集に携わる。訳書に「日英対訳　世界が驚いた重大事件　トップ20」（IBCパブリッシング）等がある。

OUR FAMILY BUSINESS
ダンヒル家の仕事

2017年2月10日印刷
2017年2月20日発行

著者　メアリー・ダンヒル
訳者　平湊音
発行者　飯島徹
発行所　未知谷
東京都千代田区猿楽町2丁目5-9　〒101-0064
Tel. 03-5281-3751 / Fax. 03-5281-3752
［振替］　00130-4-653627
組版　柏木薫
印刷所　ディグ
製本所　難波製本

Japanese edition by Publisher Michitani Co. Ltd., Tokyo
Printed in Japan
ISBN978-4-89642-520-8　C0098